计算机数据技术与通信工程

邓 彬 闫文超 张 章 主编

哈尔滨出版社
HARBIN PUBLISHING HOUSE

图书在版编目（CIP）数据

计算机数据技术与通信工程 / 邓彬，闫文超，张章
主编 . -- 哈尔滨：哈尔滨出版社，2023.3
ISBN 978-7-5484-7113-4

Ⅰ . ①计… Ⅱ . ①邓… ②闫… ③张… Ⅲ . ①数据处
理②通信工程 Ⅳ . ① TP274 ② TN91

中国国家版本馆 CIP 数据核字 (2023) 第 049459 号

书　　名：**计算机数据技术与通信工程**
JISUANJI SHUJU JISHU YU TONGXIN GONGCHENG

作　　者：邓　彬　闫文超　张　章　主编
责任编辑：张艳鑫
封面设计：张　华

出版发行：哈尔滨出版社 (Harbin Publishing House)
社　　址：哈尔滨市香坊区泰山路 82-9 号　邮编：150090
经　　销：全国新华书店
印　　刷：廊坊市广阳区九洲印刷厂
网　　址：www.hrbcbs.com
E - mail：hrbcbs@yeah.net

编辑版权热线：（0451）87900271　87900272

开　　本：787mm×1092mm　1/16　印张：12.5　字数：260 千字
版　　次：2023 年 3 月第 1 版
印　　次：2023 年 3 月第 1 次印刷
书　　号：ISBN 978-7-5484-7113-4
定　　价：76.00 元

凡购本社图书发现印装错误，请与本社印刷部联系调换。

服务热线：（0451）87900279

编委会

主　编

邓　彬　山东省计量科学研究院

闫文超　中国石油大庆石化公司

张　章　宝鸡职业技术学院

副主编

李　斌　郑州地铁集团有限公司运营分公司

柳　君　浙江中控技术股份有限公司

刘继泰　泰安日报社

童军华　郑州地铁集团有限公司运营分公司

王文明　郑州地铁集团有限公司运营分公司

张　琳　郑州地铁集团有限公司运营分公司

（以上副主编排序以姓氏首字母为序）

前　言

新时代背景下，计算机技术、信息技术都得到了广阔的发展空间，并且这两种技术大有"齐头并进"的趋势。然而，由于受到各种因素的影响，社会、经济的发展越来越需要"资源贡献"，这显然为两种技术的融合提供了有利条件。两种技术的融合已经成为一种必然趋势。

近些年，计算机技术发展得非常快，随着计算机行业的不断进步与发展，也带动了其他产业的发展。计算机通信软件是计算机软件当中比较重要的一项内容，对于企业的发展来说也具有重要作用，通过使用计算机技术来对企业信息实施处理与分析是现时期工作中不可缺少的一个环节，我国在通信行业领域也实现了进一步跨跃式发展。

我国的社会经济和科学技术的发展都非常快。随着信息技术的不断发展也加大了研究力度，而且计算机技术应用也变得越来越成熟和完善。现时期各个行业的发展均需要有计算机技术的支撑才可以实现，通过应用计算机技术为人们的生活及工作创造了很多便利性。在生活及工作当中，基于信息技术实现信息与资源的共享与传输，在确保工作质量前提下，还可提升工作效率。

本书对计算机数据技术以及通信工程进行了研究，其中包括对计算机通信技术的简单介绍，对计算机网络物理层、卫星网络的各项技术、TCP/IP 协议、网络传输服务、网络应用技术、互联网接入技术以及当前多种通信及网络系统进行了介绍。随着社会的快速发展，将计算机技术和信息工程技术有效地融合在一起，是新时代下的一种必然发展趋势。这两种技术的充分融合为新一代网络技术的顺利推广及应用奠定了扎实的技术基础。

目 录

第一章　计算机通信技术概述与基础

随着我国科技信息的快速发展，计算机网络通信技术也不断发展。文中针对计算机网络通信中的几方面新技术的现状进行分析，并结合其实际技术情况，对其未来的发展趋势进行了预测、分析，不仅可以为运营商带来更大的经济效益，而且可以为人们提供最大化的便捷程度。本章将对计算机通信技术基础与概述进行阐述。

第一节　计算机通信技术概述

通信是信息的远距离传送，是人类生产和生活的主要支撑，我国古已有之。比如烽火台、消息树、鸡毛信、信鸽等，这些都是我国古代劳动人民发明的通信工具，在人类社会发展中发挥着重要的作用。近代人们又发明了电话、电报、广播、电视及传真等通信工具，使通信更上一层楼。但是，真正使通信面貌焕然一新的要首推计算机的出现。

1837 年，莫尔斯发明了电报，由此，通信领域发生了巨大的变革。这一发明使通过一根铜线上的电脉冲来传递信息成为可能。报文的每一字符被转换为一串或长或短的电脉冲（通俗地讲，就是点和画）传输出去，这种字符和电脉冲的转换关系被称为莫尔斯码（Morse Code）。这种传递信息的能力不需明显的听觉或视觉作为媒体，带来了一系列的技术革新，并且永远改变了人们的通信方式。

1876 年，贝尔进一步发展了电报技术。他发现：不仅消息能被转换为电信号，而且声音也能直接被转换为电信号，然后由一条电压连续变化的导线传输出去。在导线的另一端，电信号被重新转换为声音。这样，对于任意的两点，只要它们之间存在着物理连接，两端的人们就能互相通话。对于大多数习惯于用听和看来得到信息的人来说，这一发明简直是太不可思议了。

随着时代的进步，电话系统不断地发展，成了一种家庭常用设备。大多数人甚至不清楚电话是如何工作的，只知道：只要键入一个号码，就能和世界各地的人通话。

1945 年，世界上第一台电子计算机 ENIAC（电子数字计算机）问世。尽管 ENIAC

与数据或计算机通信似乎没有直接关系，但是它体现出的计算和决策能力在当今的通信系统中至关重要。

1947 年，电子晶体管问世。这使得生产更便宜的计算机成为可能，计算机与通信技术也逐渐紧密地联系起来。20 世纪 60 年代出现了新一代的计算机，使电话调度进行路由选择和处理等新的应用变得便捷可行。另外，随着越来越多的企业使用计算机开发应用程序，它们之间进行信息传递的需求也得以增长。

最早的计算机间的通信系统简单而可靠。它基本上是这样实现的：首先把信息写到一盘磁带上，然后另一台计算机就能从磁带上读出信息，这是一种非常可靠的通信方式。电子通信的另一个里程碑是个人计算机（PC）的发展，桌面的计算能力出现了存取信息的全新方式。20 世纪 80 年代，成千上万的 PC 机进入了企业、公司、学校和组织机构，也为许多家庭所拥有。对于计算机，客观上要求计算机之间更简便地交换信息。20 世纪 90 年代诞生了因特网，这一应用使得世界各地的信息都能够通过计算机在个人的桌面上轻易地得到，计算机用户之间能方便地存取文件、视频程序和声音数据，诸如聊天室、电子公告牌、机票预订系统等都成为现实。计算机和通信发展如此迅猛，以至于一旦失去它们，大多数企业和学校等社会各领域将无法正常运作。各种网络进行互连，形成更大规模的互联网络。Internet（互联网）为典型代表特点是互连、高速、智能与更加广泛的应用。人们如此依赖于它们，所以必须学习它们，并且要知道它们的能力和局限性。

一、数据通信的概念

在实际工作中，计算机的 CPU（中央处理器）与外部设备之间常常要进行信息交换，一台计算机与其他计算机之间也往往要交换信息，所有这些信息交换均可称为数据通信。

（一）数据通信的方式

数据通信方式有两种：并行数据通信和串行数据通信。通常根据信息传送的距离决定采用哪种通信方式。例如，在 PC 机与外部设备（如打印机等）通信时，如果距离小于 30 m，可采用并行数据通信方式；当距离大于 30 m 时，则要采用串行数据通信方式。

并行数据通信是指数据的各位同时进行传送（发送或接收）的通信方式。其优点是传递速度快；缺点是数据有多少位，就需要多少根传送线。例如，单片机与打印机之间的数据传送就属于并行数据通信。

串行数据通信指数据是一位一位按顺序传输的通信方式。它的突出优点是只需一对传送线（利用电话线就可作为传送线），这样就大大降低了传送成本，特别适用于远距离通信；它的缺点是传送速度较低。假设并行传送 N 位数据所需时间为 t，那么串行传送的时间至少为 Nt（实际上总是大于 Nt 的）。

（二）串行通信的传送方式

串行通信的传送方式通常有三种：一种为单向（单工）配置，只允许数据向一个方向传送；第二种是半双向（半双工）配置，允许数据向两个方向中的任一方向传送，但每次只能由一个站发送；第三种传送方式是全双向（全双工）配置，允许同时双向传送数据。因此，全双工配置是一对单向配置，它要求两端的通信设备都具有完整和独立的发送与接收能力。

（三）异步通信和同步通信

串行通信有两种基本通信方式：同步通信和异步通信。

1. 同步通信

在同步通信中，数据开始传送前用同步字符来指示（常约定 1~2 个），并由时钟来实现发送端和接收端同步，即检测到规定的同步字符后，连续按顺序传送数据，直到通信告一段落。同步传送时，字符与字符之间没有距离，也不用起始位和停止位，仅在数据块开始时用同步字符 SYNC 来指示。

同步字符的插入可以是单同步字符方式或双同步字符方式，然后是连续的数据块。同步字符可以由用户约定，当然也可以采用 ASCI 码中规定的 SYN 代码，即 16H。按同步方式通信时，先发送同步字符，接收方检测到同步字符后，即准备接收数据。在同步传送时，要求用时钟来实现发送端与接收端之间的同步。为了保证接收信息正确无误，发送方除了传送数据外，还要把时钟信号同时传送。

2. 异步通信

在异步通信中，数据是一帧一帧（包含一个字符代码或一字节数据）传送的。

在帧格式中，一个字符由四个部分组成：起始位、数据位、奇偶校验位和停止位。首先是一个起始位"0"，然后是 5~8 位数据（规定低位在前，高位在后），接下来是奇偶校验位（可省略），最后是停止位"1"。起始位"0"信号只占用一位，用来通知接收设备接收下一个字符。线路上在不传送字符时，应保持为"1"。接收端不断检测线路的状态，若连续为"1"以后又测到一个"0"，就知道发来一个新字符，应马上准备接收。字符的起始位还被用作同步接收端的时钟，以保证以后的接收能正确进行。

起始位后面紧接着是数据位，它可以是 5 位（D0~D4）、6 位、7 位或 8 位（D0~D7）。

奇偶校验（D8）只占一位，但也可以在字符中规定不同的奇偶校验位，则这时这一位就可省去。还可用这一位（1/0）来确定这一帧中的字符所代表信息的性质（地址/数据等）。停止位用来表示字符的结束，它一定是高电位（逻辑"1"）。停止位可以是1位、1.5位或2位。接收端收到停止位后，知道上一字符已传送结束，同时，也为接收下一个字符做好准备，只要再收到"0"就是新的字符的起始位。若停止位以后不是紧接着传送下一个字符，则让线路上保持为"1"。

例如，规定用ASCII编码，字符为七位，加一个奇偶校验位一个起始位一个停止位，则一帧共十位。

3. 接收/发送时钟

在串行通信过程中，二进制数字系列以数字信号波形的形式出现。无论接收还是发送，都必须有时钟信号对传送的数据进行定位。接收/发送时钟就是用来控制通信设备接收/发送字符数据速度的，该时钟信号通常由微机内部时钟电路产生。在接收数据时，接收器在接收时钟的上升沿对接收数据采样，进行数据位检测；在发送数据时，发送时钟的下降沿发送器在将移位寄存器的数据串行移位输出。

二、计算机通信的应用

计算机之间互传数据只是通信的一个表现，比如很多人都知道电视通过一副天线或一根电缆来接收信号。1962年，一颗被用来在美国和欧洲之间传送电话及电视信号的通信卫星（Telstar）发射升空，标志着全球领域的通信技术又迈出了崭新的一步。通信卫星使各大陆之间的信息传输在技术上和经济上成为可能。

目前有很多通信卫星传送电视信号。在世界上某一角落的发送者发信号给一颗绕轨道运转的卫星，接着卫星把信号转发给其他地方的接收者。接收者收到信号后，通过广播塔在当地进行广播。广播所使用的广播频率必须经联邦通信委员会批准。这样，家里的电视机就能用天线接收到电视信号了。

电视天线并不是接收信号的唯一途径，很多家庭选用有线电视服务，通过光纤或同轴电缆将电视信号传输到家里。此外，还有不少人购买自己的接收器，直接接收卫星信号。

通信技术的其他应用还有局域网（LAN）和广域网（WAN），分别允许近距离或远距离的不同计算机进行通信。一旦连接完毕，用户就可以收发数据文件，进行远程登录，发送电子邮件（E-mail），或是上网。用电子邮件，人们能够在计算机之间收发私人信件和公文。电子邮件系统把信息存储在磁盘上，以便别人读取。

收发信息的电子方式——电子邮件的迅猛发展使某些人相信它将最终取代邮政服务。这在可预见的未来似乎不太可能发生，但是电子邮件确实在专业人员中被广泛使用。同时，随着万维网的出现，越来越多的人开始使用这一新技术。

通过电子邮件，可以身处家中的某一角落把信息发送到远方。家里有一台 PC 和一台调制解调器，就能访问公司或因特网服务商的计算机。这样，PC 就连上了一个局域网，可以给网上的其他人发信息。同时，该局域网还连接着一个广域网，通过它可以给外地甚至外国发送信息，另一端的局域网接收到信息后，把它传送给所连的 PC。同样，只要有一台 PC 和一台调制解调器，对方就能接收信息。

下面简要地介绍一些其他的应用，部分内容还将在以后的章节进一步详细讨论。传真机能把一张纸上的图像转换成电子形式，再通过电话线发送出去，另一端的传真机把图像还原。传真机被广泛用于快速发送信函和图表。

进行电信会议（Teleconferencing），首先在各地安装好摄影机和电视，以便各地的与会者能够看到、听到对方。这样，不同地方的人就能一起参加会议了。需要展示的数字图表也可以在会议上播放。

蜂窝式移动电话（Cellular Telephone）电话无疑是最普遍的通信设备，然而，直到 20 世纪 60 年代，要进行通信，两点间还需有物理上的连接。那时，电话系统已开始使用卫星和微波塔发送信号，但电话机暂时还得与当地的邮电局连接。蜂窝式移动电话的发明改变了这一切，它通过无线电波与电话系统联系，有了它，只要附近有发送和接收塔，人们就可以在车里、野外、球场打电话。

（一）计算机通信的焦点问题

新技术的发展带来了许多发人关注的问题。比如，在前面的讨论中，已多次提到"连接"或其他类似含义的词语。但究竟怎样连接，通过什么实现连接，是用导线、电缆还是用光纤呢？不用它们可以吗？

一旦确定了连接方式，就得建立一些通信标准。如果没有交通信号和交通法规，城市道路将难以发挥作用。通信系统也一样，无论是以电缆作为主要媒介，还是在空中传播，都会有很多信息源想要发送信息。所以，必须建立一些标准，以防止信息发生冲突，或用以解决冲突。另一个关注的问题是其易用性。

通信系统必须是安全的，应该认识到信息交流的简单性也会带来对信息的非法使用。怎样做才能使信息对于那些需要的人是易访问的，而对于其他人则是不可见的呢？这个任务非常艰难，特别是有一些未经许可的人处心积虑地想要破坏安全系统。信息的敏感度越高，安全系统也就越需要经受考验。但是，没有一个系统是绝对安全的。

即使解决了以上所有问题，建立起高效率低成本、既安全又方便信息传递的计算机网络，还存在另一个问题：计算机系统的兼容性。很多计算机系统都是不兼容的，有时从一台计算机将信息传输到另一台去就好像人之间的器官移植一样。

当今一个热门的话题就是开放系统的发展，如果完全实现的话，开放系统将允许任意两台连接的计算机交换信息。考虑到计算机系统的多样性，这确实是一个诱人的远大目标。通信是一个历史悠久而又具有广阔发展前景的技术领域，需要大量的人去了解它、掌握它，一起创造通信事业的美好未来。

（二）通信信道

通信信道是用来将发送机的信号发送给接收机的物理媒质。在无线传输中，信道可以是大气（自由空间）；另一方面，电话信道通常使用各种各样的物理媒质，包括有线线路、光缆和无线（微波）等。无论用什么物理媒质来传输信息，其基本特点是发送的信号随机地受到各种可能机理的恶化。例如，由电子器件产生的热噪声、人为噪声（如汽车点火噪声）及大气噪声（如在雷暴雨时的闪电）。

在数字通信系统的接收端，数字解调器对受到信道恶化的发送波形进行处理，并将该波形还原成一个数的序列，该序列表示发送数据符号的估计值。这个数的序列被送至信道译码器，它根据信道译码器所用的关于码的知识及接收数据所含的冗余度重构初始的信息序列。解调器和译码器工作性能好坏的一个度量是译码序列中发生差错的频度。更确切地说，在译码器输出端的平均比特错误概率是解调器—译码器组合性能的一个度量。一般错误概率是下列各种要素的函数：用来在信道上传输信息的波形的类型，发送功率，信道的特征（即噪声的大小、干扰的性质等），以及解调和译码的方法。在后续各章中将详细讨论这些因素及其对性能的影响。

作为最后一步，当需要模拟输出时，信源译码器从信道译码器接收其输出序列，并根据所采用的信源编码方法的有关知识重构由信源发出的原始信号。由于信道译码的差错以及信源编码器可能引入的失真，在信源译码器输出端的信号只是原始信源输出的一个近似。在原始信号与重构信号之间的信号差或信号差的函数是数字通信系统引入失真的一种度量。

（三）通信信道及其特征

正如前面指出的，通信信道在发送机与接收机之间进行了连接。物理信道可以是携带电信号的一对明线，或是在已调光波束上携带信息的光纤，或是信息以声波形式传输的水下海洋信道，或是自由空间。携带信息的信号通过天线在其中辐射传输。可被表征为通信信道的其他媒质是数据存储媒质，例如磁带、磁盘和光盘。

在信号通过任何信道传输中有一个共同的问题是加性噪声。一般地，加性噪声是由通信系统内部的元器件所引发的，例如电阻和固态器件。有时将这种噪声称为热噪声。其他噪声和干扰源也许是系统外部引起的，例如来自信道上其他用户的干扰。当这样的噪声和干扰与期望信号占有同额带时，可通过对发送信号和接收机中解调器的适当设计来使它们的影响降至最低。信号在信道上传输时，可能会遇到的其他类型损伤有信号衰减、幅度和相位失真、多径失真等。

可以通过增加发送信号功率的方法使噪声的影响变小，然而，设备和其他实际因素限制了发送信号的功率电平；另一个基本的限制是可用的信道带宽，带宽的限制通常是由于媒质以及发送机和接收机中组成器件和部件的物理限制产生的。这两种限制因素限制了在任何通信信道上能可靠传输的数据量，将在以后各章中讨论这种情况。下面介绍几种通信信道的重要特征。

1. 有线信道

电话网络扩大了有线线路的应用，如话音信号传输以及数据和视频传输。双绞线和同轴电缆是基本的导向电磁信道，它能提供比较适度的带宽，通常用来连接用户和中心机房的电话线的带宽为几百千赫（kHz）。另外，同轴电缆的可用带宽是几兆赫（MHz）。信号在这样的信道上传输时，其幅度和相位都会发生失真，还会受到加性噪声的恶化。双绞线信道还易受到来自物理邻近信道的串音干扰。因为有线信道上通信在日常通信中占有相当大的比例，因此，人们对传输特性的表征以及对信号传输时的幅度和相位失真的减缓方法做了大量研究。

2. 光纤信道

光纤提供的信道带宽比同轴电缆信道大几个数量级。在过去的 20 年中，已经研发出具有较低信号衰减的光缆，以及用于信号和信号检测的可靠性光子器件。这些技术上的进步促进了光纤信道应用的快速发展，不仅应用在国内通信系统中，也应用于跨大西洋和跨太平洋的通信中。由于光纤信道具有较大的可用带宽，因此有可能使电话公司为用户提供系列电话业务，包括语音、数据传真和视频等。

在光纤通信系统中，发送机或调制器是一个光源，或者是发光二极管（LED），或者是激光，通过数字信号改变（调制）光源的强度来发送信息。光像光波一样通过光纤传播，并沿着传输路径被周期性地放大，以补偿信号衰减（在数字传输中，光由中继器检测和再生）。在接收机中，光的强度由光电二极管检测，它的输出电信号的变化直接与照射到光电二极管上光的功率成正比。光纤信道中的噪声源是光电二极管和电子放大器。

3. 无线电磁信道

在无线通信系统中，电磁能是通过作为辐射器的天线耦合到传播媒质的，天线的物理尺寸和配置主要决定于运行的频率。为了接收有效的电磁能量的辐射，无线必须比波长的 1/10 长。因此，在调幅（AM）频段发射的无线电台，比如说在 $fe=1$ MHz 时（相当于波长 $\lambda =C/fe=300m$），要求无线至少为 30 m。在大气和自由空间中，电磁波传播的模式可以划分为 3 种类型：地波传播、天波传播和视线传播。在甚低频（VLF）

和音频段，其波长超过 10 km，地球和电离层对电磁波传播的作用如同波导。在这些频段，通信信号实际上环绕地球传播。由于这个原因，这些频段主要用来在世界范围内提供从海洋到船舶的导航帮助。在此频段中，可用的带宽较小（通常是中心频率的1%~10%），通过这些信道传输的信息速率较低，且一般局限于数字传输。在这些频率上，最主要的一种噪声是由地球上的雷暴活动产生的，特别是在热带地区。

地波传播是中频（M）频段（0.3~3 MHz）的最主要传播模式，是用于 AM 广播和海岸无线电广播的频段。在 AM 广播中，甚至大功率的地波传播范围都限于 150 km左右。在 MF 频段中，大气噪声人为噪声和接收机的电子器件的热噪声是对信号传输的最主要干扰。天波传播是电离层对发送信号的反射（弯曲或折射）形成的，电离层由位于地球表面之上高度 50~400 km 范围中的几层带电粒子组成。在白昼，太阳使较低大气层加热，引起高度在 120 km 以下的电离层的形成。这些较低的层，吸收 2 MHz以下的频率，因此严重地限制了 AM 无线电广播的天波传播。然而，在夜晚，较低层的电离层中的电子密度急剧下降，而且白天发生的频率吸收现象明显减少，因此，功率强大的 AM 无线电广播电台能够通过天波经位于地球表面之上 140~400 km 范围之内的电离层传播很远的距离。

在高频（HF）频段范围内，电磁波经由天波传播时经常发生的问题是信号多径。信号多径发生在发送信号经由多条传播路径以不同的延迟到达接收机的时候，一般会引起数字通信系统中的符号间干扰，而且经由不同传播路径到达的各信号分量会相互消减，导致信号衰落，许多人在夜晚收听远地无线电台广播时会对此有所体验。在夜晚，天波是主要的传播模式。HF 频段的加性噪声是大气噪声和热噪声的组合。

在大约 30 MHz 之上的频率，即 HF 频段的边缘，就不存在天波电离层传播。然而，在 30~60MHz 频段，有可能进行电离层散射传播，这是由较低电离层的信号散射引起的。也可利用在 40~300 MHz 频率范围内的对流层散射在几百英里（1 mile=1 609.344 m）的距离通信。对流层散射是由 10 mile 或更低高度大气层中的粒子引起的信号散射产生的。一般电离层散射和对流层散射具有大的信号传播损耗，要求发射机功率大和无线比较长。

在 30MHz 以上频率通过电离层传播具有较小的损耗，这使得卫星和超陆地通信成为可能。因此，在甚高频（VHF）频段和更高的频率，电磁传播的最主要模式是 LOS传播。对于陆地通信系统，这意味着发送机和接收机的天线必须是直达 LOS，没有什么障碍。由于这个原因，VHF 和特高频（UHF）频段发射的电视台的天线安装在高塔上，以达到更宽的覆盖区域。一般地，LOS 表示视线传播（Line of sight）传播所能覆盖的区域受到地球曲度的约束。

如果发射天线安装在地球表面之上 h 米的高度，并假定没有物理障碍（如高山），那么到无线地平线的距离近似为 d=15h km。例如，电视天线安装在 300 m 高的塔上，它的覆盖范围大约 67km。另一个例子，工作在 1GHz 以上频率用来延伸电话和视频传输的微波中继系统，将天线安装在高塔上或高的建筑物顶部。

对工作在 VHF 和 UHF 频率范围的通信系统，限制性能的最主要噪声是接收机前端所产生的热噪声和天线接收到的宇宙噪声。在 10 GHz 以上的超高频（SHF）频段，大气层环境在信号传播中起主要作用。例如，在 10 GHz 频率，衰减范围从小雨时的 0.003 dB/km 左右到大雨时的 0.3 dB/km；在 100 GHz 时，衰减范围从小雨时的 0.1 dB/km 左右到大雨时的 6 dB/km 左右。因此，在此频率范围，大雨产生了很大的传播损耗，这会导致业务中断（通信系统完全中断）。在极高频（EHF）频段以上的频率是电磁频谱的红外区和可见光区，它们可用来提供自由空间的 LOS 光通信。到目前为止，这些频段已经用于实验通信系统，例如，卫星到卫星的通信链路。

4. 水声信道

在过去的几十年中，海洋探险活动不断增多，与这种增多相关的是对传输数据的需求。数据是由位于水下的传感器传送到海洋表面的，从那里可能将数据经由卫星转发给数据采集中心。

除极低频率外，电磁波在水下不能长距离传播。在低频率的信号传输受到限制，因为它需要强大功率的发送机。电磁波在水下的衰减可以用表面深度来表示，它是信号衰减 1/e 的距离。对于海水，表面深度为 250/F，其中 F 以 Hz 为单位，深度以 m 为单位。例如，在 10 kHz 上，表面深度是 2.5 m，声信号能在几十甚至几百千米距离传播。

水声信道可以表征为多径信道，这是由于海洋表面和底部对信号进行反射。因为波的运动，信号多径分量的传播延迟是时变的，这就导致了信号的衰落。此外，还存在与频率相关的衰减，它与信号频率的平方近似成正比。声音速度通常大约为 1 500 m/s，实际值将在正常值上下变化，这取决于信号传播的深度。

海洋背景噪声是由虾、鱼和各种哺乳动物引起的。在靠近港口处，除了海洋背景噪声外，也有人为噪声。尽管有这些不利的环境，还是可能设计并实现有效的且可靠的水声通信系统，用以长距离地传输数字信号。

5. 存储信道

信息存储和恢复系统构成了日常数据处理工作的非常重要的部分。磁带（包括数字的声带和录像带），用来存储大量计算机数据的磁盘，用作计算机数据存储器的光盘，以及只读光盘都是数据存储系统的例子，它们可以表征为通信信道。在磁带、磁盘或光盘上存储数据的过程，等同于在电话或在无线信道上发送数据。回读过程以及在存储系统中恢复所存储的数据的信号处理，等效于在电话和无线通信系统中恢复发送信号。

由电子元器件产生的加性噪声和来自邻近轨道的干扰一般会呈现在存储系统的回读信号中，这正如电话或无线通信系统中的情况。

存储的数据量一般受到磁盘或磁带尺寸及密度（每平方英寸存储的比特数）的限制，该密度是由写／读电系统和读写头确定的。例如，在磁盘存储系统中，封装密度可达每平方英寸 109 比特（1 in.=2.54 cm）。磁盘或磁带上的数据的读写速度也受到组成信息存储系统的电子和机械子系统的限制。

信道编码和调制是数字磁或光存储系统的最重要的组成部分。在回读过程中，信号被解调，由信道编码器引入的附加冗余度用于纠正回读信号中的差错。因此，接收信号由 L 个路径分量构成。

三、数字通信发展的回顾

最早的通信形式（即电报）是一个数字通信系统。电报由 S. 莫尔斯（Samuel Morse）研制，并在 1837 年进行了演示试验。莫尔斯设计出一种可变长度的二进制码，其中英文字母用点画线的序列（码字）表示。在这种码中，较频繁出现的字母用短码字表示，不常发生的字母用较长的码字表示。

差不多在 40 年之后，1875 年，E. 博多（Emile Baudot）设计出一种电报码，其中每一个字母编成一个固定长度为 5 的二进制码字。在博多码中，二进制码的元素是等长度的，且指定为传号和空号。

信道容量的意义如下：如果信源的信息速率 R 小于 C（R<C），那么采用适当的编码达到在信道上可靠（无差错）地传输，在理论上是可能的；另外，如果 R>C，无论在发送机和接收机中采用多少信号处理，都不可能达到可靠的传输。因此，香农（Shannon）建立了对信息通信的基本限制，并开创了一个新的领域，现在称之为信息论。

对数字通信领域做出重要贡献的另一位科学家是科捷利尼科夫（Kotelnikov，1947 年），他用几何的方法进行了对各种各样的数字通信系统的相关分析。科捷利尼科夫的方法后来由沃曾克拉夫特和雅各布斯（Wouencraft 和 Jacobs，1965 年）进一步推广。

在香农的研究成果公布之后，接着就是汉明（Hamming，1950 年）的纠错和纠错码的经典研究工作，用来减轻信道噪声的不利影响。在随后的多年中，汉明的研究成果激发了许多研究工作者，发现了种种新的功能强的码，其中许多码仍旧用于当今现代通信系统中。在过去的几十年中，对数据传输需求的增长以及更复杂的集成电路的发展，导致了非常有效的且更可靠的数字通信系统的发展。在这个发展过程中，香农对于信道最大传输极限及所达到的性能界限的最初结论及其推广已作为通信系统设计的基准。由香农和其他研究人员导出的理论极限对通信总论的发展做出了贡献，并成为设计和开发更有效的数字通信系统不断努力的最终目标。

四、计算机网络的发展历程及趋势

（一）计算机网络的定义

何为计算机网络？计算机网络是通信技术与计算机技术密切结合的产物。它最简单的定义：以实现远程通信为目的，一些互连的、独立自治的计算机的集合。所谓"互连"，是指各计算机之间通过有线或无线通信信道相互交换信息；所谓"独立自治"，则强调它们之间没有明显的主从关系。1970年，美国信息学会联合会的定义：以相互共享资源（硬件、软件和数据）方式面连接起来，且各自具有独立功能的计算机系统之集合。此定义有三个含义：一是网络通信的目的是共享资源；二是网络中的计算机是分散，且具有独立功能的；三是有一个全网性的网络操作系统。

随着计算机网络体系结构的标准化，计算机网络又被定义为：计算机网络具有三个主要的组成部分：

1. 能向用户提供服务的若干主机；

2. 由一些专用的通信处理机（通信子网中的节点交换机）和连接这些节点的通信链路所组成的一个或数个通信子网；

3. 为主机与主机、主机与通信子网，或者通信子网中各个节点之间通信而建立的一系列协议。

（二）计算机网络的发展历程

1. 计算机网络在全球的发展历程

计算机网络经历了由单一网络向互联网发展的过程，计算机网络的发展大致分为以下几个阶段：

第一阶段诞生阶段（计算机终端网络）。

20世纪60年代中期之前的第一代计算机网络，是以单个计算机为中心的远程联机系统。早期的计算机为了提高资源利用率，采用批处理的工作方式。为适应终端与计算机的连接，出现了多重线路控制器。

第二阶段形成阶段（计算机通信网络）。

20世纪60年代中期至70年代的第二代计算机网络，是以多个主机通过通信线路互连起来，为用户提供服务，兴起于60年代后期，这个时期，网络的概念为"以能够相互共享资源为目的互连起来的具有独立功能的计算机之集合体"，形成了计算机网络的基本概念。

ARPA 网是以通信子网为中心的典型代表。在 ARPA 网中，负责通信控制处理的 CCP 称为接口报文处理机 IMP（或称节点机），以存储转发方式传送分组的通信子网称为分组交换网。

第三阶段互连互通阶段（开放式的标准化计算机网络）。

20 世纪 70 年代末至 90 年代的第三代计算机网络，是具有统一的网络体系结构并遵守国际标准的开放式和标准化的网络。ARPANET 兴起后，计算机网络发展迅猛，各大计算机公司相继推出自己的网络体系结构及实现这些结构的软硬件产品。由于没有统一的标准，不同厂商的产品之间互连很困难，人们迫切想要一种开放性的标准化实用网络环境，这样应运而生了两种国际通用的最重要的体系结构，即 TCP/IP 体系结构和国际标准化组织的 OSI 体系结构。

第四阶段高速网络技术阶段（新一代计算机网络）。

20 世纪 90 年代至今的第四代计算机网络，由于局域网技术发展成熟，出现光纤及高速网络技术，多媒体网络、智能网络，整个网络就像一个对用户透明的大的计算机系统，发展以 Internet 为代表的互联网。而其中 Internet（因特网）的发展也分三个阶段：

（1）从单一的 APRANET 发展为互联网

1969 年，创建的第一个分组交换网 ARPANET 只是单个的分组交换网（不是互联网）。20 世纪 70 年代中期，ARPA 开始研究多种网络互连的技术，这便促进了互联网的出现。1983 年，ARPANET 分解成两个：一个实验研究用的科研网 ARPANET（人们常把 1983 年作为因特网的诞生之年），另一个是军用的 MILNET。1990 年，ARPANET 正式宣布关闭，实验完成。

（2）建成三级结构的因特网

1986 年，NSF 建立了国家科学基金网 NSFNET。它是一个三级计算机网络，分为主干网、地区网和校园网。1991 年，美国政府决定将因特网的主干网转交给私人公司来经营，并开始对接入因特网的单位收费。1993 年因特网主干网的速率提高到 45 Mbi/s。

（3）建立多层次 ISP 结构的因特网

从 1993 年开始，由美国政府资助的 NSFNET 逐渐被若干个商用的因特网主干网（即服务提供者网络）所取代。用户通过因特网提供者 ISP 上网。1994 年开始创建了 4 个网络接入点 NAP（Network Access Point），分别为 4 个电信公司。1994 年起，因特网逐渐演变成多层次 ISP 结构的网络。1996 年，主干网速率为 155 Mbit/s（0C-3）。1998 年，主干网速率为 2.5 Chit/s（0C-48）。

2.计算机网络在我国的发展历程

我国计算机网络起步于 20 世纪 80 年代。1980 年进行联网试验，并组建各单位的局域网。1989 年 11 月，第一个公用分组交换网建成运行。1993 年建成新公用分组交换网 CHINANET。20 世纪 80 年代后期，相继建成各行业的专用广域网。1994 年 4 月，我国通过专线接入因特网（64 Khit/s）。1994 年 5 月，设立第一个 www 服务器。1994 年 9 月，中国公用计算机互联网启动。2004 年 2 月，建成我国下一代互联网 CNGI 主干试验网 CERNET2 开通并提供服务（25~10 Chi/s）。

（三）计算机网络的现状

随着计算机技术和通信技术的进步及相互渗透结合，促进了计算机网络的诞生和发展。通信领域利用计算机技术，可以提高通信系统性能。通信技术的发展又为计算机之间快速传输信息提供了必要的通信手段。计算机网络在当今信息时代对信息的收集、传输、存储和处理起着非常重要的作用。其应用范围已渗透到社会的各个方面，信息高速公路更是离不开它。21 世纪已进入计算机网络时代，计算机网络成了计算机行业的一部分。新一代的计算机已将网络接口集成到主板上，网络功能已嵌入操作系统之中，智能大楼的兴建已经和计算机网络布线同时、同地、同方案施工。随着通信和计算机技术紧密结合与同步发展，我国计算机网络技术飞跃发展。现在已经进入 Web 2.0 的网络时代。这个阶段互联网的特征包括：搜索，社区化网络，网络媒体（音乐视频等），内容聚合和聚集（RSS），mashups（一种交互式 Web 应用程序），宽带接入网、全光网、IP 电话，智能网，P2P、网格计算，NGN、三网融合技术，IPv6 技术，以及移动通信系统技术等，目前大部分都是通过计算机接入网络。

（四）计算机网络的发展趋势

计算机网络及其应用的产生和发展，与计算机技术（包括微电子、微处理机）和通信技术的科学进步密切相关。由于计算机网络技术，特别是 Internet/Intranet 技术的不断发展，又使各种计算机应用系统跨越了主机/终端式、客户/服务器式、浏览器/服务器式的几个时期。今天的计算机应用系统实际上是一个网络环境下的计算系统。未来网络的发展主要有以下几种基本的技术趋势：

1.向低成本微机所带来的分布式计算和智能化方向发展，即 Client/Server（客户/服务器）结构。

2.向适应多媒体通信、移动通信结构发展。

3.网络结构适应网络互连，扩大规模以至于建立全球网络，应是覆盖全球的，可随处连接的巨型网。

小结

1. 数据通信方式有两种，即并行数据通信和串行数据通信。通常根据信息传送的距离决定采用哪种通信方式。

2. 串行通信有两种基本通信方式，即同步通信和异步通信。

3. 接收 / 发送时钟：在串行通信过程中，二进制数字系列以数字信号波形的形式出现。无论是接收还是发送，都必须有时钟信号对传送的数据进行定位。

4. 通信信道：通信信道是用来将发送机的信号发送给接收机的物理媒质。一方面，在无线传输中，信道可以是大气（自由空间）；另一方面，电话信道通常包括各种各样的物理媒质，例如有线线路、光缆和无线（微波）等。

5. 香农奠定了信息传输的数学基础，并导出了对数字通信系统的基本限制。

6.Internet，中文正式译名为因特网，又称国际互联网。它是由那些使用公用语言互相通信的计算机连接而成的全球网络。

7. 局域网（LAN，Local Area Network）是指在某一区域内由多台计算机互联成的计算机组。一般是方圆几千米以内。

8. 广域网（WAN，Wide Area Network）也称远程网（long haul network）。通常跨越很大的物理范围，所覆盖的范围从几十千米到几千千米，它能连接多个城市或国家，或横跨几个洲提供远距离通信，形成国际性的远程网络。

第二节　计算机通信技术基础

本章将介绍数据传送格式、编码技术、数据编码和数据压缩技术、同步技术、多路复用、数据传输信道、通信技术基础以及传输信道和数据通信系统的指标。

数据通信指数据以一种适合传送的形式从一方快速有效地发送到另一方，在数据发送和接收所在地，数据还必须能够被人们利用。通信传输的消息是多种多样的，可以是符号、文字数据、语音、图像、视频等。各种不同的消息可以分成两大类：一类是离散消息，另一类是连续消息。离散消息是指消息的状态是可数的或离散型的，比如符号、文字、数据等，离散消息也称为数字消息。而连续消息是指状态连续变化的消息，如连续变化的语音、图像、视频等，连续消息也称为模拟消息。

一、数据通信研究的主要内容

数据通信是通信技术与计算机技术紧密结合的产物，涉及许多内容，简要归纳如下：

第一，数据传输主要解决如何为数据提供一个可靠而有效的传输通路。数据传输有基带传输和频带传输之分。

第二，在网络通信中，数据交换是完成数据传输的关键。交换描述了网络中各节点之间的信息交互方式。它可分为电路交换、报文交换、分组交换等。

第三，通信协议是通信网络的"大脑"，它与网络操作系统、网络管理软件共同控制和管理数据网络的运行。

第四，通信处理涉及数据的差错控制、码型转换数据复接、流量控制等。

第五，同步问题是数据通信的一个重要方面，如何强调也不过分。数据通信主要有码元同步、帧同步和网同步。

（一）基本概念

1. 信号

对数据的电磁和电子编码。

2. 信息

对数据内容的表达和解释。

3. 传输

信号的数据传递。

4. 比特率 Rb

比特（bit）是二进制数字的缩写，是计算机使用的最小数据单位。比特"1"可能定义为"开"状态或表示一个信号，而"0"代表"关"状态或没有信号。计算机内的所有数据都以比特形式进行处理。比特是字符的一部分，根据使用的数据代码不同，字符可用多个比特表示。表示字符的比特串称为字节（byte），为 8 个比特。计算机或磁盘保存的字符数目用字节表示。比特率（bit/s）是指在网络上每秒钟传送多少个比特。例如，通信网络传送数据的比特率是 1 000 bit/s，那么它每秒钟就传送 1 000 bit。

5. 传输损耗

在任何传输系统中，接收端得到的信号不可能与发送端传送出的信号完全一致，在信号传输过程中肯定会出现传输损耗。这些损耗会引起模拟信号的改变，或使数字信号出现差错。它们也是影响数据传输速率和传输距离的重要因素之一。信号在传输介质中传播时，将会有一部分能量转化成热能或者被传输介质吸收，从而造成信号强度不断减弱，这种现象称为衰损。

6. 波特率 RB

波特是信号的一个变化过程，因而波特率是每秒钟信号变化的次数，也称为调制速率，单位为波特（Baud 或 B）。信号的改变是指信号电压和方向的变化。波特率和比特率不总是相同的，但过去常被混用。如果每个信号都是 1 个比特，那么波特率和比特率就相同。如果一个单比特的信号以每秒 9600 bit 的速度传送数据，那么波特率也是 9600 B，这只是传送数据一个可能速度。如果一个信号由 2 个比特组成，传送数据的速度是 2400bit/s，那么波特率就是 1200B；如果信号由 3 个比特组成，那么波特率就是 800B。

7. 频带宽度

频带宽度指的是一个频率范围，用赫兹（Hz）表示。频率范围为 100~2 500 Hz 的频带宽度是 2400Hz。频带宽度很重要，因为在其他条件一定时，频带越宽，传送数据的速度就越快，也就是说，可以在更短的时间内传送更多的数据。

（二）模拟信号与数字信号

在数据被传送出去之前，首先要根据原有格式和通信硬件的需要对其进行编码，使之成为通信硬件能够接收的信号。而信号又可分为模拟信号和数字信号两种，前者是一种连续变化的电磁波，后者则是通过不同的电压值分别代表二进制的逻辑"1"和逻辑"0"。

数字信号和模拟信号都可用于数据通信，不同的网络使用不同类型的信号。电话网络传送模拟信号，如果用电话网络传送数字信号就必须进行转换。如果使用数字网络（如 DDN）就不用将数字信号转换成模拟信号。

模拟数据和数字数据可以用模拟或数字的形式来表示，因而也可以用这些形式来传输。数字数据用模拟信号表示，可以利用调制解调器予以转换。它通过一个载波信号把一串二进制电压脉冲转换为模拟信号，所产生的信号占据以载波频率为中心的某一频谱。大多数调制解调器都用语音频谱来表示数字数据，因此，数字数据能在多数的音频电话线上传输。在线路的另一端，调制解调器再把载波信号还原解调成原来的数字数据。模拟数据也可以用数字信号表示。对于声音数据来说，完成这种功能的是编码解码器，它直接接收声音的模拟信号，然后用二进制流近似地表示这个信号。

（三）数据编码方法

字符是计算机处理过程中常见的数据类型。尽管人们认为由不同形状和线条组合在一起所呈现的字符便于识别辨认，但这种形式并不为计算机所接受。实际上，计算机只存储、传输和处理二进制形式的信息。为了使计算机能够处理字符，首先需要将二进制数和字符的对应关系加以规定，这种规定便是字符编码。由于这已涉及世界范围内的信息表示、交换、处理、传输和存储，所以它们都是以国家标准或国际标准的形式来颁布和实施的。

1. 国际 5 号码

国际 5 号码（IA5）是一种最初由美国标准化协会提出的编码方案，它是一种目前被广泛使用的编码。它已被国际标准化组织（ISO）和国际电报电话咨询委员会（CCITT）确定为国际通用的信息交换标准码，并由 CCITT T50 建议推荐。与这种编码相似的还有美国信息交换标准码，简称 ASCII 码。

在这种编码中，每个字符由唯一的 7 位二进制数表示，于是在 IA5 编码集中总共可以包含 128 个不同的字符。表中位于 0 列和 1 列的字符以及字符 SP 和字符 DEL 均属于控制字符，这些字符不能被显示或被打印。

2.EBCDIC 码

EBCDIC 码是一种 8 位的 BCD 码，其全称为扩充的二一十进制交换码。就编码长度而言，这种编码所能表示字符数量的上限为 256 个，但事实上它目前仅对 143 个字符进行了定义。

3. 国际 2 号码

国际 2 号码（IA2）是一种用 5 位二进制数表示字符的编码，又称为波多码。根据其具有的 5 位码长，这种编码似乎只能表示 32 个不同的字符，无法满足 36 个基本字符的需要。

（四）码型及其编码方式

在通信中，从计算机发出的数据信息，虽然是由符号 1 和 0 组成的，但其电信号形式（波形）却可能会有多种。通常把基带数据信号波形也称为码型，常见的基带数据信号波形有单极性不归零码、单极性归零码、双极性不轨零码、双极性归零码、差分码传号交替反转码、三阶高密度双极性码，曼彻斯特码等。

二、ASCII 码、博多码、莫尔斯码和 BCD 码

ASCII 码和 EBCDIC 码是计算机通信中最常用的两种编码。除此之外还有博多码、莫尔斯码和二一十进制码（BCD）。

信息怎样被编码成适合传输的格式是通信无法回避的基本问题。每个比特只能存储 "0" 或 "1" 这两个截然不同的信息单元，当它们单独存在时并没有多大作用。但如果把它们放到一起，就会产生许多 "0" 和 "1" 的不同组合。比如说，2 bit 就可以有 $2^2=4$ 种不同的组合（00，01，10 和 11），3 bit 有 $2^3=8$ 种组合。概括地说，n bit 就有

2^n 种组合。因此，可以将一种组合与某个确定的内容，比如一个字符或是一个数字联系起来，把这种联系称为编码。

目前有很多种编码，问题是如何在采用不同编码方案的设备之间建立通信。为了使通信容易些，人们编写了一些标准的编码格式。然而，即使是标准，也各不相同，互不兼容。

（一）ASCII 码

最广为流行的编码是美国标准信息交换码 ASCII（American Standard Code for Information Interchange）。这是一种 7 位编码，它为每一个键盘字符和特殊功能字符分配一个唯一组合。大多数个人计算机（PC）和很多其他的计算机都使用这种编码方式。每一个代码对应一个可打印或不可打印字符。可打印字符包括字母数字，以及逗号、括号和问号等特殊的标点符号。不可打印是指那些字符被用来表示一个特殊的功能，比如换行回车等。

（二）莫尔斯码、博多码和 BCD 码

1. 莫尔斯码

莫尔斯码是最古老的一种编码。它是由莫尔斯在 1838 年发明的，用于电报通信。这些代码由一系列的点和画组成。该系统的一个特点就是字母代码的长度并不唯一。比如，字母 E 对应于单个点，而字母 H 有四个点。这种不同的代码长度可以让信息传送得更快。在原始的电报中，要发送信息，必须敲击一个控制电路断开或连通的开关。比如，假设每个字母代码的长度为 5，那么发送一条信息所花的时间将正比于信息中字母数的 5 倍。如果某些字母可以少敲几下，报务员就可以发送得更快一点。为了最大限度地利用可变长度代码的优点，最常用的字母应该分配最短的代码。这一方法能够有助于减少代码的平均长度。为了说明问题，考虑发送一个字母表，按 26 个字母、每个字母代码长度为 5 计算，发送这一信息将需要 130 次敲击。而使用莫尔斯码，传输同样的内容只需要敲击 82 次。

2. 博多码

由法国工程师博多发明的代码被人们命名为博多码（Baudot Code）。它使用 5 bit 表示一个字符或字母。它最初是为法国的电报通信设计的，现在仍用于电报和直通电报通信中。

博多码定义了五位代码 1111（上码）和 11011（下码），用来确定如何解释后续的五位代码。一旦收到一个上码，接收设备将把后续的代码当作字母，一直到收到一个下码。这时，接下来的所有代码将被理解为数字或其他的特殊符号。

三、数据编码和数据压缩技术

信息时代带来了信息爆炸，数字化的信息产生了巨大的数据量。这些数据如果不压缩，直接传输必然造成巨大的数据量，使传输系统效率低下。因此，数据的压缩是十分必要的。实际上，各种信息都具有很大的压缩潜力。

数据压缩（Data Com Pression）就是通过消除数据中的冗余，达到减少数据量，缩短数据块或记录长度的过程。当然，压缩是在保持数据原意的前提下进行的。数据压缩已广泛应用于数据通信的各种终端设备中。

数据压缩方法与技术比较多。通常把数据压缩技术分成两大类：一类是冗余度压缩，也称为无损压缩、无失真压缩、可逆压缩等；另一类是熵压缩，也称有损压缩，不可逆压缩等。

（一）哈夫曼编码

ASCII 等代码有一个共同点：所有的字符都使用相等数量的比特位。哈夫曼（Huffman）编码根据字符出现的频率决定其对应的比特数，这样的编码称为频率相关码（Frequency-Dependent Code）。它给频繁出现的字符，比如元音和 L、R、S、T、N 等分配较短的代码。因此，传送它们时就可以使用较少的比特数。

（二）游程编码

哈夫曼编码确实减少了待发送的比特数，但却要求知道频率值。如前所述，它还假设比特位被组成字符或其他一些重复的单元。很多在通信媒体中传播的数据，包括二进制（机器代码）、文件、传真数据和视频信号等都不归属于这一类。

例如，传真机根据一张纸上的明暗区间传送相应的比特位。它并不直接传输字符，因此需要一种更加通用的能够对任意比特串进行压缩的技术。游程编码（Run-Length Encoding）使用一种显而易见的方法：分析比特串，寻找连续的"0"或"1"。它不发送所有比特，而只发送有多少个连续的"0"或"1"。有两种实现游程编码的办法：

1. 相同比特的游程

这种方法特别适用于大多数连续序列都是相同比特值的二进制流。在一次主要是字符的传真中，会有很多个"0"序列（假设一个亮点对应一个"0"）。这种方法只把每个序列的长度以二进制整数传送出去。接收站点接收每个长度，并产生适当长的比特序列，在各序列当中插入其他的比特值。

如果序列长度太大，无法用两个 4 比特数字的组合表示，这种方法就使用足够多的 4 比特组合。接收站点应知道一个全"1"的组合表示接下来的组合对应同一个序列。这样，它不断地把组合的值相加在一起，直到接收到一个非全"1"的组合。所以，序列长度 30 用 111、1111、000 来表示。这种情况下必须用一个全"0"的组合来告诉站点序列在第 30 个零处停止。

与两个连续"1"的情况类似，这种方法把流看作以一个长度为"0"的零序列开始。所以发送的第 1 组 4 个比特应该是 0000。这种技术最适用于有很多个零序列的情形。随着值为"1"的比特出现频率的增大，该技术的效率也将有所下降。实际上，有时候用这种技术处理某个流，可能会产生一个更长的比特流。

2. 不同字符的游程

知道待处理的是相同的比特，事情就简单了，因为只需发送序列的长度就可以了。但如果碰到不同的比特甚至字符序列，就在序列长度后面发送实际的字符。

（三）相关编码

已讨论过的两种压缩技术都有它们各自的应用，但某些情况下，它们的用处不大。一个常见的例子是视频传输，相对于一次传真的黑白传输或者一个文本文件，视频传输的图像可能非常复杂。也许除了电视台正式开播前的测试模式以外，一个视频图像是极少重复的。前面的两种方法用来压缩图像信号希望不大。

尽管单一的视频图像重复很少，但几幅图像间会有大量的重复，所以，可考虑不把每个帧当作一个独立的实体进行压缩，而是考虑一个帧与前一帧相异之处。当差别很小时，对该差别信息进行编码并发送。这种方法称为相关编码（Relative Encoding）或差分编码（Differential Encoding）。相关编码的原理简单明了。第一个帧被发送出去，并存储在接收方的缓冲区中，接着发送方将第二个帧与第一个帧比较，对差别进行编码，并以帧格式发送出去。接收方收到这个帧，把差别应用到它原有的那个帧上，从而产生发送方的第二个帧，然后它把第二个帧存储在缓冲区，继续该过程，不断产生新的帧。

（四）Lempel-Ziv 编码

游程编码通过寻找某个字符或比特的序列来压缩数据。其思路是减少重复或多余的传输，但并不是所有的冗余都以信号比特或字符重复的形式存在。有时候整个的单词或短语也可能重复，特别是手稿之类大的文本文件更是如此。

Lempel-Ziv 编码（Lempel-Ziv Encoding）技术寻找经常重复的字符串，并只作一次存储。然后它在这些字符串出现的地方用一个相对应的编码代替。这也是数据库管理策略中一个基本的原理：只在一个地方存储信息的一份拷贝，使用特定的代码加以引用。这种技术还用于 Unix 的压缩命令和调制解调器的 V.42 压缩标准。

这种方法的一个重要特性是不假设重复地串到底是什么，这使它成为一种适用范围更广、更加灵活的算法。然而，它也因寻找重复序列可能使算法增加相当可观的开销。

压缩编码的方法还有很多，有兴趣的读者可以参阅相关书籍。

四、同步技术

同步是数据通信的一个重要问题。数据通信系统能否正常有效地工作，很大程度上依赖于正确的同步。同步不好会导致误码增加，通信质量下降，甚至使整个系统工作失常。在数据通信中，按照作用的不同，常把同步分为载波同步、位（码元）同步、群同步、网同步等4种。一般把同步分为两类：一类是数据信号的解调所需的同步，另一类是数据码元的分组及译码所需的同步。

在信息交互的通信中，各种数据信号的处理和传输都是在规定的时隙内进行的。为了使整个数据通信系统有序、准确、可靠地工作，收、发双方必须有一个统一的时间标准。这个时间标准就是靠定时系统去完成收、发双方时间的一致性（即同步）。

同步是实现信息传输的关键。同步性能的好坏将直接影响通信质量的好坏，甚至会影响通信能否正常进行。因此，在数据通信系统中，为了保证信息的可靠处理和传输，要求同步系统应有更高的可靠性。

1. 载波同步

在频带传输系统中，接收方若采用相干解调的方法，从接收的已调信号中恢复原发送信号，则需获取与发送方同额相同的载波，这个过程称为载波同步。可以说，载波同步是实现相干解调的先决条件。

2. 位同步

位同步又称比特同步、码元同步等。在数据通信系统中，数据信号最基本单元是位或码元，它们通常均具有相同的持续时间。发送端发送的一定速率的数据信号，经信道传输到达接收端后，必然是混有噪声和干扰的失真了的波形，为了从该波形中恢复出原始的数据信号，就必须对它进行取样判决。因此，要在接收端产生一个"码元定时脉冲序列"，其频率和相位要与接收码元一致，接收端产生与接收码元的频率和相位一致的"定时脉冲序列"的过程称为位同步，"定时脉冲序列"称为位同步脉冲。

3. 群同步

群同步又称帧同步。在数据传输系统中，为了有效地传递数据报文，通常还要对传输码元序列按一定长度进行分组、分帧或打信息包。这样，接收端要准确地恢复这些数据报文，就需要知道这些组、帧包的起止时刻，接收端获得这些定时序列称群同步。

4. 网同步

在数据通信网中，传送和交换的是一定传输速率的比特流，这就需要网内各种设备具有相同的频率，以相同的时标来处理比特流。这就是网同步的概念。所谓网同步，就是网中各设备的时钟同步。

尽管存在多种同步，但对于数据通信系统，最基本的、必不可少的同步是收发两端的时钟同步（位同步），这是所有同步的基础。为了使数据传输系统具有最佳的抗干扰性能，保证数据准确地传递，要求系统定时信号满足：

（1）接收端的定时信号频率与发送端定时信号频率相同。

（2）定时信号与数据信号间保持固定的相位关系。

系统的这些要求由位同步（时钟同步）系统实现。一般而言，实现定时的这两个要求，通常可以采用三类方法：

1）使用统一的时间标准

收发各方都由一个标准的主控时钟源控制，它要求收发端同时具有高精确度，高稳定度的定时系统。这种方法常用于范围较大、速率较高的数据通信网中，由于实现成本高，在点对点的数据通信系统中很少采用。

2）利用独立的同步信号

将特殊的同步信号或某种频率的正弦波（称作导频）与数据信号一起传输。实现的方法通常有：

①顺分制传输。通过信号波形设计，使得系统传输的信号功率谱密度在定时频率处为零，将导额插入该处与数据传输信号一起传输，在接收端再将该导频提取出来，作为定时的标准；或在顺分制的多路并传系统中利用其中的一路来专门传送各路的定时信息。

②时分制传输。将同步信号按某种规律插在传输数据流中，接收端取出同步信号后，控制产生接收端定时信号。

可以看出，无论采用频分制还是采用时分制，为了传输独立的同步定时信息都需要付出额外的发送功率、传输频带，或者降低数据传输速率，也就是必须付出资源。

3）自同步法

自同步法通过适当的传输信号波形设计，保证数据传输信号中含有足够的定时信息，在接收端从传输数据信号中提取定时信息，形成或控制接收端的定时信号。自同步法是常选取的方法，因为它可以将全部发送功率和传输频带（或传输速率）都分配给数据传输提高了系统利用率。

鉴于目前大部分系统采用自同步法来实现同步，下面简要介绍采用自同步法实现载波同步和位同步的技术和方法，以及群同步的基本原理。

1. 载波同步

在数据传输系统中，利用载波同步电路（或称载波恢复电路）来获得相干解调所需的相干载波。构成载波同步电路的基本部分是锁相环。载波同步的方法根据传输信号的特点可分为两大类：

（1）若接收信号频谱中已包含显著的载波分量或导频分量，则可用带通滤波器或锁相环直接提取载波（锁相环起窄带跟踪滤波器作用）。这种方法中系统传送载波或导频需要一定的功率或频带，因此，在运用这种方法获取载波的系统中，努力的方向是使传送载波所需的功率或频带尽可能小。

（2）对于抑制载波的已调数据信号，若功率谱中没有插入导波，不能直接提取载波，则可以运用对已调信号进行某种非线性变换，或采用特殊的锁相环（例如同相—正交环等）来获得相干载波。

无论采用什么方法获取相干载波，为了满足接收端数据解调的需要，对载波同步电路的基本要求均是：

（1）收发端载波间同步误差较小，以提高系统可靠性。

（2）同步保持时间较长，以便系统能正常工作。

（3）同步建立时间较短，以适应实时传输系统的需要。

由于相当多调制系统是抑制载波的，故在实际系统中的载波提取电路多采用前述的第二类方法实现。

除了非线性变换（滤波法）外，还有同相—正交环、反调制环等方法可用来恢复相关载波，叮参考相关文献。

2.位同步

位同步：是指在接收端的基带信号中提取码元定时的过程。它与载波同步有一定的相似和不同。载波同步是相干解调的基础，无论是模拟通信还是数字通信，只要是采用相干解调都需要载波同步，并且在基带传输时没有载波同步问题：所提取的载波同步信息是载顿为 f. 的正弦波，要求它与接收信号的载波同频同相。实现方法有插入导频法和直接法。

位同步是正确取样判决的基础，只有数字通信才需要，并且无论基带传输还是频带传输都需要位同步；所提取的位同步信息是频率等于码速率的定时脉冲，相位则根据判决时信号波形决定，可能在码元中间，也可能在码元终止时刻或其他时刻。实现方法也有插入导频法和直接法。

五、多路复用

为了提高传输媒介的利用率，降低成本，提高有效性，提出了复用问题。所谓多路复用，是指在数据传输系统中，允许两个或两个以上的数据源共享一个公共传输媒介，就像每个数据源都有它自己的信道一样。因此，多路复用是一种将若干个彼此无关的信号合并为一个能在一条共用信道上传输的复合信号的方法。

六、数据传输信道

任何一个通信系统都可以看作是由发送设备、传输信道和接收设备三大部分组成。发送设备和接收设备是为了实现信号有效可靠地传输而设置的信号转换设备，它们通常是围绕信号形式和传输信道而实现的；传输信道是指以传输物理媒质为基础，为发送设备和接收设备而建立的信号通路。具体地说，传输信道是由有线（明线、电缆、光缆等）或无线（中波、短波、微波及卫星等）线路（有时还要包括交换设备）提供的信号通路。抽象地说，传输信道是指定的一段频带，它既允许信号通过，又给信号以约束和损害。对于任意的传输物理媒质构成的信道，建模成传输频带后，对各种传输信号而言都是相同的，它规定了系统允许信号通过的频谱范围。而且无论什么物理媒质构成的信道，其允许信号通过（无损耗或损耗低于某规定值）的频段总是有限的，这种频段的有限性又限制了数据传输的有效性（速率）。另外，由于物理传输媒质的介入，不可避免地要引入噪声干扰，从而又给传输信号带来了损害，传输信道的特性对数据通信的质量有着重要的影响。

（一）信道分类

信道可按不同方式来分类。从定义上可分为广义信道和狭义信道；按传输媒体可分为有线信道和无线信道。前者包括明线、对称电缆、同轴电缆、光缆；后者主要有地面微波、卫星、短波等信道。按信息复用形式，一般又可分为：频分制信道和时分制信道。前者包括载波信道、频分短波信道、频分微波信道和频分卫星信道等；后者主要有时分基带信道、时分短波信道、时分微波信道和时分卫星信道等。此外，信道还可按信道参数的时间特性分为恒参信道和变参信道等。

1. 狭义信道与广义信道

信道在概念上通常有两种理解：一是狭义信道，另一种是广义信道。

狭义信道是指传输信号的具体传输物理媒介，如明线、电缆、光缆或短波、微波、卫星中继等传输线路。

广义信道是指相对某类传输信号的广义上的信号传输通路。它通常是将信号的物理传输媒介与相应的信号转换设备合起来看作是信道，常用的信道如调制信道、编码信道等。

广义信道在研究某些特殊问题时是很有意义的。例如，在研究调制和解调问题时，将调制器和解调器之间的信道和设备看作是广义信道，只研究调制器输出和解调器输入信号的特性，而不考虑中间的变换过程。同理，根据需要还可定义其他广义信道。

广义信道的概念和方法在理论研究中经常使用，但由于传输媒介（狭义信道）是广义信道的重要组成部分，它是影响信道特性的主要因素，所以在讨论信道时，物理传输媒介仍是重点。后面关于信道的讨论，主要是对狭义信道的讨论。

2. 按传输媒介的种类分类

（1）有线信道

有线信道是利用明线、对称电缆、同轴电缆、波导、光缆等进行信号传输。有线信道具有性能稳定、外界干扰小、保密性强、维护便利等优点，在通信网中占有较大的比例。但是，一般而言，有线信道架设工程量大，一次性投资较大。目前，在有线信道中，明线、电缆等媒介的使用已逐步减少，取而代之的是使用光缆。

（2）无线信道

无线信道是利用无线电波在空间进行信号传输。按照无线电波频段和传输方式的不同，主要有中波、短波、超短波、微波、卫星等。无线信道无须敷设有形媒介，所以，一次性投资较低，而且其通信成本也低，通信的发展比较灵活，可移动性大，但一般而言，无线信道受环境气候影响较大，保密性较差。目前，在无线信道中，微波和卫星信道在通信网中所占的比重较大。

3. 按传输信息复用的形式分类

目前，在通信网上所采用的复用方式主要有频分复用（FDM）、时分复用（TDM）、码分复用（CDM）和混合复用等。

（1）频分复用（FDM）信道

频分复用信道主要有载波、频分短波、频分微波、频分卫星等。目前在利用模拟通信网进行数据通信时，大量采用各种频分模拟话路作为数据传输信道。对于低速数据信号，可以按照类似的方法将一个话路频带再划分成若干子频带，将各路低速数据信号调制到不同的子频带上，实现信道的利用。

（2）时分复用（TDM）信道

各路信号共用传输媒介的整个频带，而各路信号传输所占用信道的时间段不同。时分复用信道主要有时分基带、时分短波、时分微波和时分卫星等。时分复用数字通信与频分复用模拟通信相比，有众多的优越性，因此，采用数字通信方式是当今通信网的发展趋势。利用数字信道作为数据通信的传输信道，更有其明显的优越性。数据通信利用数字信道传输数据的速率系列与数字通信复用系列一致。在 64 Kbit/s 以下的多路数据也可运用类似的复用方式复用到 64 Kbit/s 数字化信道上去。

（3）码分复用（CDM）信道

每个用户在通信期间占有所有的频率和时间，但不同用户具有不同的正交码型，以区分不同用户信息，避免互相干扰。码分复用（CDM）信道具有很高的频率利用率，但复杂度稍高，正在成为第三代移动通信系统的主流制式。

（4）混合复用信道

在现在和将来的新系统中，很少有单独采用以上任何一种方式的，基本上都是几种基本方式的组合，即混合复用信道。随着技术的不断发展，该种信道的优越性越来越显著，从而得到广泛应用。

4. 按允许通过的信号类型分类

在目前通信系统中，传输的电信号可分为模拟信号和数字信号两大类。故按信道上通过的信号形式可以将信道分为模拟信道和数字信道。

（1）模拟信道

信道上允许通过的是取连续值（在时间上和幅度上）的模拟信号，如模拟电话信道等。模拟信道的质量用信号在传输过程中的失真和输出信噪比来衡量。

模拟信道可以建模成一个四端网络，其特性可由该网络的传递函数 $He(f)$ 描述。模拟信道根据其传递函数 $He(f)$ 的不同，又可分为恒参信道和变参信道。$He(f)$ 的参数在一个相当长时间内保持恒定（或基本不变）的信道称为恒参信道，反之称为变参信道。有线信道一般都是恒参信道，其特征是稳定的。一部分无线信道（例如，电离层反射信道和超短波对流层散射信道等）是变参信道，其特性是随时间和环境气候等因素而变化。

（2）数字信道

信道上允许通过的是取离散值（在时间上或幅度上）的数字信号，例如 PCM 数字电话信道。数字信道的特性是用通过信道的信号平均差错率和差错序列的统计特征来描述的。需要指出，传统的传输媒介的电特性一般都是模拟的，利用这些传输媒介，只有加某些设备（如调制解调器）才能构成数字信道。另外，也有一些传输媒介（比如光纤）的传输特性本身就适于传输数字信号。由于绝大部分数据信号都是数字的，故数字信道更便于传输数据，通常采用数字信道传输数据信号时，只需解决数据终端（DTE）与数字信道相匹配的接口即可。

5. 按传输的工作方式分类

数据通信可以有单工、全双工和半双工 3 种工作方式，与之相适应，适应三种工作方式的信道也可分成三种：

（1）单向（单工）信道

只能沿一个固定方向传输的信道，配合它使用的是单工传输方式。

（2）双向（全双工）信道

可以同时沿两个方向双向传输的信道。全双工传输工作方式必须采用双向信道。

（3）半双工信道

可以分时沿两个方向传输的信道。由半双工信道可以构成半双工传输工作方式的数据通信系统。

6. **按信道的使用方式分类**

在通信网中，用户因数据量的多少与通信对象状态不同而对传输电路有不同要求，这客观上使通信网中的数据电路处于两种不同的使用状态：

（1）专用信道

对于两用户间固定不变的数据电路，它可以由专门设置的专用线路或通信网中固定路由（租用信道）提供。专用信道每次通信的传输路由固定不变，传输质量可以得到保证。一些特殊业务（如银行、证券交易等）网和大企业的区域网常采用专用信道。

（2）公用（交换）信道

网中用户通信时由交换机随机确定的数据传输电路，这类电路由于其路由的随机性，其传输质量也相对不确定。一般是在用户间数据传输量不大，而且通信时间不固定时采用。

（二）信道特性

由信号分析理论可知，电信号可以分解成无穷多个正弦波（称为谐波）的叠加，因此，信号通过信道传输也可看作是无穷多个谐波分量分别通过信道传输后的叠加。一个理想的信道应该使信号通过它传输后不发生失真。所谓不失真，从时域看，传输后的信号波形应该与传输前的波形是相似形（即信号幅度可以变化，但形状应不变）。显然，除了幅度放大（或衰减）若干倍（各次谐波相同）和时间均延迟以外，它们的相对幅度和相对位置均不变，所以，合成后所形成的信号形状与传输前一致。也就是说，经传输后的信号与传输前除了幅度有变化和时间有延迟外，形状没有发生变化，即经传输后没有发生失真。

另外，理想信道也不受到任何形式的噪声干扰，所以，当信号x(t)通过理想信道后，其输出y(1)相对x(1)将不产生任何失真。

（三）传输损耗

1. 信道弥散

在实际信道中，其特性不可能是完全理想的，也就是说，信道不可避免地要给所传输的信号造成损害。造成这种损害的主要因素是信道不理想对传输信号造成的弥散现象和引入的噪声干扰。

弥散现象是信道的幅度频率特性和相移频率特性不理想而引起的，它们对传输信号的损害可以从以下两方面理解：

（1）从频域角度看，由于信道不实用，信道对传输信号的各频率成分表现出不同的衰减和不同的相移（群时延），从而使信号失真。

（2）从时域考虑，由于信道不理想，信道的单位脉冲响应向符号（码元）取样点两边产生时间弥散（不规则地扩散），从而影响相邻的符号，产生码间干扰。这就是信道的弥散现象，具有这种情况的信道称作弥散信道。

2. 噪声

对于任何实际的通信系统，噪声的产生是不可避免的。传输系统的任何部分都将可能产生噪声，但是相对而言，信道引入的噪声对信号影响更大。信道噪声一般是独立于信号的，它始终干扰着信号，对传输造成很大的危害。噪声的来源广泛种类很多，但对数据通信而言，影响较大的是两种：高斯白噪声和脉冲噪声。大多数噪声都可以建模为这两种噪声。

高斯白噪声是一种起伏缓变持续性的噪声，它在较宽的频带内有均匀的功率谱，而且其幅度分布服从高斯分布。在实际系统中，很多噪声可以近似建模为高斯白噪声。高斯白噪声是限制信息信道传输速率的一个重要因素。

在实际的传输过程中，接收端得到的信号是由两部分组成的：其一，发送端送出的信号；其二，在传输过程中插入的数据信号不希望有的信号（即噪声）。由于产生原因不同，噪声可分为4类：热噪声、交调噪声、串音和脉冲噪声。

（1）热噪声

热噪声是由带电粒子在导电媒体中进行的热运动引起的，它存在于所有在绝对零度以上的环境中工作的电平设备和传输媒介中。这种噪声是无法被消除的，它为通信系统的性能设置了上限。噪声功率密度可作为热噪声值的度量，它以瓦/赫（W/Hz）为单位。

热噪声是一种高斯白噪声。高斯噪声是指 n 维分布都服从高斯分布的噪声。白噪声是指功率谱密度在这个频率范围内分布均匀的噪声。于是，在服从高斯分布的同时，功率谱密度又是均匀分布的噪声称为高斯白噪声。热噪声刚好具有这两项特性。

（2）交调噪声

交调噪声是多个不同频率的信号共享一个传输媒介时可能产生的噪声。通常情况下，发送端和接收端是以线性系统模式工作，即输出为输入的常数倍。当通信系统中存在非线性因素时，则会出现交调噪声。非线性因素的出现将产生新信号，这些干扰信号的频率可能是多个输入信号频率的和或差，可能是某个输入信号频率的若干倍，也可能是上述情况的组合。例如，如果输入信号的频率为 f 和 f_2，那么非线性因素就可能导致频率为 $f+f_2$ 这种信号的生成。传输系统中出现的非线性因素可能是元器件的故障引起的，可以通过一些人为方法对非线性因素进行改正。

（3）串音

串音是一个信号通道中的信号对另一个信号通道产生干扰的现象，它又称串扰。这是相邻信号通道之间发生耦合所引起的，特别常见于双绞线之间，偶尔也会发生在同轴电缆之间。

（4）脉冲噪声

脉冲噪声是一种突发性噪声，它的幅度远大于高斯噪声，但通常持续时间短，耦合到信号通路中的非连续尖峰脉冲引起的干扰，这种噪声是由电火花、雷电等现象引起的，它的出现是无法预知的。一般情况下，脉冲噪声对模拟数据的传输不会造成明显的影响，但在数字数据传输中脉冲噪声是产生差错的主要来源。就以比特率 4800 bit/s 传输的数据流为例，一个持续时间为 0.01 s 的尖峰脉冲就可能毁掉大约 50 bit。脉冲噪声造成的干扰是不易被消除的，必须通过差错控制手段来确保数据传输的可靠性。它也是影响数据传输的重要因素。

3. 衰损

信号在传输介质中传播时将会有一部分能量转化成热能或者被传输介质吸收，从而造成信号强度不断减弱，这种现象称为衰损。衰损将对信号传输产生很大的影响，若不采取有效措施，信号在经过远距离传输后其强度甚至会削弱到接收方无法检测到的地步。

（四）数据通信的信道标准

1. 模拟信道

如前所述，采用模拟信道传输数据仍是目前主要的手段，特别是利用模拟话音信道传输数据更是最为普遍，因此，在这里以模拟话音信道为例介绍模拟信道的信道标准。模拟电话网是为传输话音而设计的，所以利用模拟话音信道进行数据传输会受到一定的影响。要进行正常的数据通信，系统对信道要有一定的要求，这就是模拟话音信道进行数据通信的信道标准。

为了在话音信道上实现较高的数据传输速率，信道特性应满足一些较高要求，CCITTM.1020 建议对此进行了如下规定。

（1）衰减与电平

对于数据传输，规定接收电平应不低于 -13dB，即在零测试点（一般在四线端）处的单音（800 Hz）为 0 dB 时，该点测得的数据平均功率不低于 -13 dB。线路最大净衰减不应超过 28 dB。

（2）幅度—频率失真特性

由前可知，一个理想信道的特性是信道对任意频率成分的影响（幅度衰减和延迟）都相同。而对于一个物理可实现的系统，其信道不可能是理想的。第一，其频带是有限宽的；第二，在带宽内其幅频特性不可能是常数；第三，在带宽内其群时延特性不可能是常数。因此，必须在这些方面对信道提出一定的要求，在 CCITTM.1020 建议中，这些要求是通过两个样板图（幅频特性和相移特性）给出的。众所周知，任何一个现实的信号都占据某一频带，即它是由许多不同频率分量构成的。通过传输后的接收信号可看作是这些不同的频率分量分别通过信道后的叠加，如果这些不同频率的分量在通过信道时受到不同的衰减或不同的延时，就会引起信号失真。由幅度衰减随频率的变化或信道单位脉冲响应不理想所引起的失真，被称为衰减失真或幅失真。

（3）相位—频率失真特性

信道相位—频率特性的非线性（理想信道的相位频率特性是线性的）给传输信号所造成的损害，称为相位—频率失真。相位的非线性在时域上表现为不同频率的谐波的延时不一致，从而造成传输信号失真，因此，相位特性对数字信号传输的影响通常是以群时延失真特性来表示的。

2. 数字信道

模拟电话网是为传输话音信号而设计的，采用模拟信道传输数据需要将数据信号转换成模拟信号进行传输，然后接收端又要将模拟信号还原成数据信号。这样，为了传输而进行的变换与反变换就必然给传输的数据信号带来许多附加的损害，因此，从本质上看，数据信号应该更适宜在数字信道上传输。

从数据传输速率来看，话音模拟信道由于有带宽的限制（300~3400 Hz），理论上其信息的传输速率极限大，约为30obi/s，而从目前的应用情况看，商用传输速率已经达到了 28.8 obi/s，也就是说，已趋近它的极限，对于高速数据传输已无能为力了。相反，若采用数字信道来传输数据信号，每一数字化路的数据传输速率为 64 obi/s，比模拟话路所能达到的传输速率高得多。

另外，从传输质量来说，在传输距离较长时，数字信道不像模拟信道那样用增音设备来提升信号，而是采用再生中继设备消除该传输段的噪声并再生传输信号，从而使信道中引入的噪声和信号畸变不会造成积累，所以，大大提高了传输质量。在通常情况下，PCM 数字通信系统的平均误码率一般不大于 10-6，比起利用模拟信道传输数据要优越得多。

综上所述，无论是从信道利用率、传输质量，还是从通信的发展方向来说，采用数字信道直接传输数据都具有很大的影响。

3. 纠错编码信道模型

如前所述，一般的信道用来传输数据时其误码率通常达不到要求（10-9 以下），因此，在实际的数据通信系统中，总是要采用这样或那样的差错控制方法。传输系统中差错控制效果较好的方法是采用纠错编码来控制传输差错。

在研究纠错编码时通常习惯利用编码信道，它包含编码器到解码器之间的所有部分。在利用编码信道研究问题时，着重讨论的是信道噪声引起的影响，即输入数字序列通过信道传输后可能发生的差错情况。因此，纠错编码信道模型采用序列传输差错概率描述。由于假设编码信道的输入序列是二进制的（这种假设与实际情况是相符合的），常用的编码信道根据输出给解码器的信号状态通常可以模拟成下列几种信道模型。

（1）二进制对称信道（BSC）

二进制对称信道是纠错编码中常用的信道。多数物理媒介和一般用途的实际信道，可以模拟成二进制对称信道。

二进制对称信道可以规定如下：

1）信道输入、输出的信号状态都是二元的（或称二电平的）；

2）信道噪声的幅度分布是对称的（例如，高斯白噪声等）。

对于 BSC 信道，由于其噪声分布是对称的，所以，从统计的角度来说，信号通过信道后若发生差错，则由"0"状态错成"1"状态和由"1"状态错成"0"状态的概率应该相同。假设这种概率为 P，称它为信道的转移（注意，这时的转移不仅指从输入转移到输出，还包含从一种状态转移到另一种状态）概率。

（2）二进制删除信道（BEC）

在 BSC 信道中，信道在输出传输信号时必须对输出信号做出明确的判决，即决定输出信号是"0"状态或"1"状态，称之为信道（大多数情况是解调器）的"硬判决"。信道设置一个门限，超过或低于该门限就判定为"1"或"0"状态。若信道对严重失真的符号（码元）暂不判决（例如，解调器这样工作：在判决门限上下划定一个区域，凡落入区域的信号暂不判决），而改输出一个称为删除符号的特定符号"X"，则称用这种方法实现的对输出信号判决的信道为二进制删除信道。

（3）离散无记忆信道（DMC）

前面讨论的纠错信道模型，信道在输出前已经根据信号信息做了判决（或做出了基本判决，如删除符号），解码器在信道输出序列的基础上按某种方法（例如，某种纠错编码方式）进行纠错译码，这样做比较容易，但由于信号判决与纠错译码分开，未能充分利用信号中包含的信息，或未能综合利用信息，因此，其纠错效果相对差些。在差错控制传输中，另外有一种称为"软判决"的工作方式，在这种工作方式中，信道（例如解调器）不是输出已判决的序列，而是输出一种有关码元判决可靠性的信息。例如，输出关于判决相应码元为"0"或"1"的后验概率或者相似函数。

前面介绍的信道模型是为了研究纠错编码问题方便而简化抽象的理想情况，它们分别反映了某些实际物理信道的主要特征。例如，卫星信道可以相似看作 BSC 信道。

但是，也有一些信道很难简单地归类到上述模型。比如，有的信道的主要干扰噪声引起的传输错误不是单个随机差错，而可能是一连串码元错误，这类错误称为突发错误，产生这种错误的信道称为起发信道（或称有记忆信道）；另一些信道在传输信号时，信道噪声可能同时引起随机单个差错的突发差错，这类信道称为组合信道或复合信道。总之，这类信道就不能简单地抽象成上述模型，要反映出这些信道的特征，需用更复杂的信道模型来描述。

4. 几种典型物理信道的信道特性

（1）明线

明线导线通常采用铜线、铝线或钢线（铁线），线径为 3 mm 左右。明线信道易受天气变化和外界电磁干扰，通信质量不够稳定，而且信道容量较小，不能传输视频信号和高速数字信号。

（2）电缆

对称电缆芯线大都为软铜线，线径 0.4~1.4 mm。长途对称电缆采用四线制双缆传输，最高传输频率为 252 kHz，可复用 60 个话路，有时传输频率可达 552 kHz，可复用 132 个话路。市话中电缆上可传输脉码调制（PCM）数字电话，总码速率为 2.048 Mbit/s。

电缆信道通信容量大，传输质量稳定，受外界干扰小，可靠性高，在光缆大量使用之前，在有线传输中占有重要地位。

（3）光缆

光缆信道由光纤组成。当纤芯直径小于 5 mm 时，光在光波导中只有一种传输模式，这样的光纤称为单模光纤。纤芯直径较粗时，光在光波导中可能有许多沿不同途径同时传播的模式，这种光纤称为多模光纤。光纤的主要传输特性为损耗和色散。损耗主要来源于瑞利散射和材料吸收。对于前者，当光传播过程中遇到不均匀或不连续点时，部分光能量向各方向散射而不能到达终点；对于后者，材料中含有某些杂质离子，在光波作用下发生振动而消耗部分能量。损耗就是光信号在光纤中传输时单位长度的衰减，其单位为 dB/km。色散又称频散。由于光载波占有一定的频谐宽度，而光纤材料的折射率随频率而变化，因此，光信号的不同频率分量具有不同的传播速度，即经过不同的时延到达接收端，从而使信号脉冲展宽带，其单位为 n/km。

光纤的损耗会影响传输的中继距离，而色散会影响传输的码率。

光纤传输的主要优点是：频带宽，通信容量大，不受外界电磁干扰影响，在宽带内光纤对各频率的传输损耗和色散几乎相同，一般不需要在接收端或中继站采取幅度和时延均衡等措施。由光纤构成的数字信道有顿带宽、传输容量大，传输损耗低，不受电磁干扰，无串扰，以及成本低等一系列优点，因此，已经成为目前数字通信所采用的主要信道。

（4）微波

微波中继通信是利用电磁波在对流层视距范围内传输的一种通信方式，其频率一般在 1~20 GHz。由于受地形和天线高度的限制，两站间的通信距离一般为 30~50 km，故长距离传输时，必须建立多个中继站。

微波中继通信具有较高的接收灵敏度和较高的发射功率。系统增益高，传输质量比较平稳，唯一影响较大的因素是遇到雨雪天气时的吸收损耗，以及传播途径中通过不利地形或环境时造成的衰落现象，一般在系统设计时应预先加以考虑。微波中继通信和光纤通信可以互补，已成为两种主要的地面传输手段。

（5）卫星信道

卫星通信实际上也是微波通信的一种方式，只不过它是依靠卫星来转发信号。卫星通信适用于远距离通信，尤其是当通信距离超过某一范围，每话路的成本可低于地面微波通信，而且，一般其质量和可靠性都优于地面微波通信。

其他信道特性，这里不做介绍，读者可参考有关资料。

（五）信道容量

通信的目的在于可靠有效地传输信息。长期以来，人们围绕这个目的不断地寻找新的通信方式和新的通信系统。然而，通信的可靠性和有效性之间存在着矛盾。也就是说，在一定的物理条件下，提高了通信效率，通信的可靠性往往会下降。所以，对于通信工作者来说，如何在给定信道条件下尽可能提高信息传输量并降低传输的差错率，是值得探讨的课题，这实际上是信道容量的问题。

信息论提出并解决了这样一个问题，即对于给定的信道，当无差错传输（差错率趋于零）时，信道的信息传输量是否存在一个界限？如果存在，这个极限怎样求得？香农的信息论证明了这个极限的存在，并给出了其计算公式。这个极限就是信道的容量。信道容量是一个理想的极限值，它是一个给定信道在传输差错率趋于零情况下在单位时间内可能传输的最大信息量。信道容量的单位是比特 / 秒（bit/s），即信道的最大比特率。信息论中，对一些常见信道进行了建模，并通过这些模型，给出了它们的信道容量计算公式。

七、数据通信中的几个主要指标

通信系统组成后，必然要提到通信的质量问题。通信质量是指整个通信系统的性能，而不是指局部。数据通信系统的基本指标是围绕传输的有效性和可靠性来制定的。这些主要指标包括以下 3 种：传输速率、频带利用率和差错率。

（一）传输速率

用以衡量系统的有效性，它是衡量系统传输能力的主要标准。可以用前面介绍的3种速率（即比特率、波特率和数据传输速率）分别从不同的角度来说明传输的有效程度。

传输速率的3个定义，在实际应用上既有联系又有侧重。在讨论信道特性特别是传输频带宽度时，通常使用波特率；在研究传输数据速率时，运用数据传输速率；在涉及系统实际的数据传送能力时，则使用比特率。

CCITT建议的标准化数据信号速率如下（参见CCITT电话网上的数据传输，V系列建议）：

1. 在普通电话交换网中同步方式传输的比特速率

发信速率为600、1 200、2 400、4 800、9 600 bit/s，其误差不能超过标准数值的+0.01%。

2. 在电话型专线上同步方式传输的比特速率

数据发信速率的优先范围：600、1 200、2 400、3 600、4 800、7 200、9 600、14400 bit/s。数据发信速率的补充范围：1800、3 000、4 200、5 400、6 000、6 600、7 200、7 800、8 400、9 000，10 200、10 800、12 000 bit/s，其误差不能超过标准值的+0.01%。

容许的数据比特速率范围：规定为600N bit/s，$1 \leqslant N \leqslant 18$，N为正整数。

在实际中，数据信号的发信速率通常为如下几种：200、300、600、1 200、2 400、4 800、9 600、48 000 bit/s。

3. 公用数据网中的用户数据信号速率

异步传输数据信号速率：50~200、300 bit/s。

同步传输数据信号速率：600、2 400、4 800、9 600、48 000 bit/s。

（二）频带利用率

频带利用率是单位频带内所能实现的码元速度（或者单位频带内的传输速度）。它是衡量数据传输系统有效性的重要指标，单位为波特/赫（B/Hz），或者比特/秒•赫（bit/s•Hz）。在比较不同制式系统传输的有效性时，用比特率（bit/s）来比较较为恰当。然而，各种传输系统的传输带宽常常是不同的，单看它们的比特率显然是不够的，还要看所占用的频带宽窄。在一般情况下，通信系统占用频带越宽，传输信号能力越强。即使两个通信系统的比特率相同，占用频带不同，也认为传输效率不同。所以，真正衡量数据通信系统传输的有效性的指标应该是单位频带内的传输速度，即每赫每秒的比特数——比特/秒•赫（bit/s•Hz），或单位频带内码元速度波特/赫（B/Hz）。

（三）差错率

1. 误字率

它的定义是指在传送字符的总数中发生差错字数所占的比例，即码字错误的概率。在电报通信中，多用误字率来评价电报的传输质量。但由于表示一个字符代码的比特数有 5 单位、6 单位和 8 单位，一个字符串无论错一个比特或多个比特都算错一个字，因此，用误字率来评价数据电路的传输质量并不很确切。

2. 误组率

它的定义是指在传输的码组总数中发生差错的码组数所占的比例，即码组错误的概率。在某些数据通信系统中，以码组为一个信息单元进行传输，此时使用误组率更为直观。由上述分析可见，采用误码率来评价传输质量较为合适，但从应用的角度看，则误字率和误组率易于理解，也便于从终端设备的输出来比较差错控制的效果。

除上述 3 种指标外，还有可靠度、适应性、使用维修性、经济性、标准性及通信建立时间等。

（1）可靠度

可靠度是指在全部工作时间内传输系统正常工作时间所占的百分数。它是衡量机器正常工作能力的一个指标。影响可靠度的主要原因有：组成系统的设备的可靠性（故障率）、信道的质量指标和使用人员的素质。

（2）适应性

适应性是指系统对外界条件变化的适应能力。例如，对环境温度、湿度、压力、电源电压波动以及震动、加速度等条件的适应能力。

（3）使用维修性

使用维修性是指操作与维修简单方便的程度。有必要的性能指标及故障报警装置，尽可能做到故障的自动检测，一旦发生故障，应能迅速排除。另外，还要求维修设备体积小、质量轻。

（4）经济性

它是指通常所说的性能价格比指标。这项指标除了与设备本身的生产成本有关外，还和频带利用率、信号功率利用率等技术性能有关。

（5）标准性

系统的标准性是缩短研制周期，降低生产成本，便于用户选购，便于维修的重要措施。

（6）通信建立时间

通信建立时间是反映数据通信系统同步性能的一个指标，对于间歇式的数据通信或瞬间通信尤为重要。数据通信系统要正常工作，必须保障收、发端的同步（位同步、群同步），通信建立时间应尽可能短。

以上给出了一些数据通信系统的质量指标，但是，如何根据各种需求和条件，给出较为准确综合、动态的评估指标和方法还在进一步研究之中。

八、允许的波特率误差

为了分析方便，假设传递的数据一帧为 10 位，若发送和接收的波特率达到理想中的一致，那么接收方时钟脉冲的出现时间保证对数据的采样都发生在每位数据有效时刻的中点。如果接收一方的波特率比发送一方大或小 5%，那么对 10 位一帧的串行数据，时钟脉冲相对数据有效时刻逐位偏移，当接收到第 10 位时，积累的误差达 50%，则采样的数据已是第 10 位数据有效与无效的临界状态，这时就可能发生错位，所以 5% 是最大的波特率允许误差。对于常用的 8 位、9 位和 11 位一帧的串行传送，其最大的波特率误差分别为 6.25%、5.56% 和 4.5%。

九、串行通信的过程及通信协议

（一）串 / 并转换与设备同步

两个通信设备在串行线路上实现成功的通信必须解决两个问题：一是串 / 并转换，即如何把要发送的并行数据串行化，把接收的串行数据并行化；二是设备同步，即同步发送设备和接收设备的工作节拍相同，以确保发送数据在接收端被正确读出。

1. 串 / 并转换

串行通信是将计算机内部的并行数据转换成串行数据，将其通过一根通信线传送，并将接收的串行数据再转换成并行数据送到计算机中。

2. 设备同步

进行串行通信的两台设备必须同步工作才能有效地检测通信线路上的信号变化，从而采样传送数据脉冲。设备同步对通信双方有两个共同要求：一是通信双方必须采用统一的编码方法，二是通信双方必须能运用相同的传送速率。

采用统一的编码方法确定了一个字符二进制表示值的位发送顺序和位串长度，当然还包括统一的逻辑电平规定，即电平信号高低与逻辑"1"和逻辑"0"的固定对应关系。

通信双方只有产生相同的传送速率，才能确保设备同步，这就要求发送设备和接收设备采用相同频率的时钟。发送设备在统一的时钟脉冲上发出数据，接收设备才能恰当地检测出与时钟脉冲同步的数据信息。

（二）串行通信协议

通信协议是对数据传送方式的规定，包括数据格式定义和数据位定义等。通信方式必须遵从统一的通信协议。串行通信协议包括同步协议和异步协议两种。本书只讨论异步串行通信协议。异步串行协议规定字符数据的传送格式，前面已经讲过，这里不再赘述。

要想保证通信成功，通信双方必须有一系列的规定，比如：

作为发送方，必须知道什么时候发送信息，发什么，对方是否收到，收到的内容有没有错，要不要重发，怎样通知对方结束等；作为接收方，必须知道对方是否发送了信息，发的是什么，收到的信息是否有错，如果有错怎样通知对方重发，怎样判断结束等。

这种约定就称为通信规程或协议，它必须在编程之前确定下来。要想使通信双方能够正确地交换信息和数据，在协议中，对什么时候开始通信，什么时候结束通信，以及何时交换信息等问题都必须做出明确的规定。只有双方都正确地识别并遵守这些规定，才能顺利地进行通信。

软件挂钩（握手）信号规定有以下内容：

1. 起始位

当通信线上没有数据被传送时，处于逻辑"1"状态。当发送设备要发送一个字符数据时，首先发出一个逻辑"0"信号，这个逻辑低电平就是起始位。起始位通过通信线传向接收设备，接收设备检测到这个逻辑低电平后，就开始准备接收数据位信号。起始位所起的作用就是使设备同步，通信双方必须在传送数据位前协调同步。

2. 数据位

当接收设备收到起始位后，随之就会收到数据位。数据位的个数可以是5、6、7或8，PC机中经常采用7位或8位数据传送，8051串行口采用8位或9位数据传送。这些数据位被接收到移位寄存器中，构成传送数据字符。在字符数据传送过程中，数据位从最低有效位开始发送，依次在接收设备中被转换为并行数据。

3. 奇偶校验位

数据位发送完之后，便可以发送奇偶校验位。奇偶校验用于有限差错检测，通信双方应约定一致的奇偶校验方式。如果选择偶校验，那么组成数据位和奇偶位的逻辑"1"的个数必须是偶数；如果选择奇校验，那么逻辑"1"的个数必须是奇数。

4. 停止位约定

在奇偶位或数据位（当无奇偶校验时）之后发送的就是停止位。停止位是一个字符数据的结束标志，可以是 1 位、1.5 位或 2 位的低电平。接收设备收到停止位之后，通信线路上便又恢复逻辑"1"状态，直至下一个字符数据的起始位开始。

5. 波特率设置

通信线上传送的所有位信号都保持一致的信号持续时间，每一位的宽度都由数据传送速率确定，而传送速率是以每秒多少个二进制位来度量的，这个速率称为波特率。如果数据以每秒 300 个二进制位在通信线上传送，那么这个传送速率为 300 B。

第二章 计算机网络的物理层

随着计算机网络应用的迅速普及，人们越来越多地依赖网络处理日常工作和事务，计算机网络的物理层作为计算机重要的组成部分，发挥着巨大的作用。因此，本章将对计算机的物理层进行分析。

第一节 传输介质

物理层是位于 OSI 模型的底层，网络传输介质就是属于物理层。最初的网络是通过又粗又重的同轴电缆发送数据的。目前，大部分网络介质则如同电话线一样，具有易弯曲的外部，内部则是绞接的铜线。由于网络要求更高的速度、更多的用途，并且更可靠，网络介质也随之不断地更新。现代网络不仅使用铜线，而且还可以使用光缆、红外线、无线电波或其他介质。

在对网络通信作充分理解之前，首先必须理解数据是如何发送的，同时也应熟悉各类网络介质的特性。虽然许多网络用户常对数据发送理解简单，对邮件信息或文件从点端 A 至点端 B 的移动也只有些微的概念，但作为计算机专业人士，必须充分理解该过程。本章先详细阐述数据发送的过程，让读者了解到数据是依靠什么来发送的，以及如何纠正一些常见的发送问题。然后再讲解常用组网所使用的网络介质的组成、分类及各自的特点。

一、数据发送概述

信息可通过两种方式被发送：模拟方式和数字方式，这两种方式均使用电压产生相应的信号。

模拟信号使用可变电压以产生连续波，因而也导致了不精确发送。为理解这个要领可以假设两个铁罐用一根电线相连，当你对着一个铁罐说话时，你所产生的声波沿着电线向前振动，最后到达另一端的铁罐。这种声音听起来只是大致与你的声音相近，它在很大程度上受电线质量的影响。例如，如果使用一根不扭曲并且不变形的纯铜线连接两个铁罐，到达另一端铁罐的声音效果要比你使用一个由衣架做成的连接线清晰得多。但是不论使用何种介质，当声波穿过电线时，都将变形，到达另一端时，铁罐的声音都会有些混浊。

现在来比较模拟信号与所描绘的数字信号。数字信号由脉冲值为 1 或 0 的精确电压组成，如同在任何二进制系统中用 1 和 0 组合来对信息进行编码。在数字信号中每个脉冲被称为一个二进制数或位（bit）。一个位只能有两种可能值：1 或 0。连续 8 位组成 1 个字节，1 个字节携带一个信息片。比如，在数字网络中字节 1111001 代表着121。

虽然用模拟信号的幅度即足以测量信号的强度，但频率这个概念仍经常被使用。频率是指在一固定时间段内信号幅度变化的次数值。

用每秒周期数或赫兹（Hz）表示。由于模拟信号比数字信号更易改变，因而模拟信号的一个优点是它能对细节进行表示。例如，将你的声音与一个自动对话机或数字应答机的数字化声音做比较，会发现数字化声音的质量要低劣得多，听起来更像机器。它们不能像人类的声音一样表达一些细微的变化，然而网络并不关心细小变化。由于模拟信号比数字信号更易于出错，因而对于数据发送并不是最佳选择。噪声或其他来源的声音干扰，也严重地影响了模拟信号。当你使用一个蜂窝电话谈话时就常常遇见这种情况：你能听到其他人的谈话声，这即是噪声。同时线路上的静电干扰也是一种噪声。

线路上的静电干扰会使信号变形。如果信号是模拟信号，这种变形将导致数据的不正确发送，正如电话线上的静电干扰使你无法听清在线的另一端人的话音一样。模拟信号的另一个缺陷点是它的衰减性。随着信号的传播，能量逐渐减少。当然，这个特性本身影响并不太恶劣。数字信号在传播过程中也存在着衰减，为了补偿衰减，要经常对数字信号和模拟信号进行转发以使它们传播得更远。模拟信号的问题在于当它被转发时幅度将增强，同时伴随的被累积的噪声幅度也将增强，这种杂乱无章的增强将使得模拟信号变形得更加严重。

当数字信号被转发时，实际上是将原始的、未变形的，且无噪声的信号重新发送，该过程被称为波形再生。再生一个数字信号的设备被称为中继器。

大部分网络仅限于使用数字传输。可能使用模拟信号传输数据的一种情况即使用调制解调器连接两个系统。调制解调器通过电话线发送模拟信号，然后由接收端计算机的调制解调器将模拟信号转变为数字信号。"调制解调器（Modem）"这个词体现了该设备的功能，即是 Modulator（调制器）和 Demodulator（解调器）的简称。即在发送端它将模拟信号调制成数字信号，在接收端将数字信号解调成模拟信号。

网络仅仅收发由精确脉冲所表示的 1 和 0 两种模式，因而数字传输要比依靠可变电压的模拟传输可靠得多，而且数字发送几乎不受噪声影响。因噪声而变形的数字信号能用 1 和 0 解释。另外，传输同样数量的信息，数字传输需要许多脉冲才能完成，而一个模拟信号仅用单个波就能完成。

例如，你可能采用模拟格式的单个波来传送单词 one；然而若使用数字格式，相同的信息可能要求 8(0000001)，或 8 个单脉冲。尽管如此，数字传输的高可靠性使这种额外的信号传输也是值得的。最后，由于数字传输错误较少而只需使用较少的额外开销来补偿错误，因此数字传输比模拟传输更加经济。

注意：虽然一些数字化声音如同机器发出的声音，其他的数字化声音信号，如从 CD 播放器中播放的声音，听起来相当真实。这种高质量的数字声音是使用多个字节的信息来产生一个信号的，信息量越多，信号就越准确。当一个数字化声音包含了足够的信息量时，人耳就不能区别它与一个模拟（真实）声音。

二、传输介质特性

任何信息传输和共享都需要有传输介质，计算机网络也不例外。对于一般计算机网络用户来说，可能没有必要了解过多的细节，例如计算机之间依靠何种介质、以怎样的编码来传输信息等。但是，对于网络设计人员或网络开发者来说，了解网络底层的结构和工作原理则是必要的，因为他们必须掌握信息在不同介质中传输时的衰减速度和发生传输错误时如何去纠正这些错误。本节主要分析计算机网络中用到的各种通信介质及其有关的通信特性。

当决定使用哪一种传输介质时，必须将联网需求与介质特性进行配适。通常说来，选择数据传输介质时必须考虑 5 种特性（根据重要性粗略地列举）：吞吐量和带宽、成本、尺寸和可扩展性、连接器以及抗噪性。当然，每种联网情况都是不同的：对一个机构至关重要的特性对另一个机构来说可能是无关紧要的，你需要判断哪一方面对你的机构是最重要的。

1. 吞吐量和带宽

在选择一个传输介质时所要考虑的最重要的因素可能是吞吐量。吞吐量是在给定时间段内介质能传输的数据量，它通常用每秒兆位（1 000 000 位）或 Mbps 进行度量。吞吐量也被称为容量，每种传输介质的物理性质决定了它的潜在吞吐量。例如，物理规律限制了电沿着铜线传输的速度，正如限制了能通过一根直径为 1 英寸（约 254 厘米）的胶皮管传输的水量一样，假如试图引导超过它处理能力的水量，这种胶皮管最后只能是溅你一身水或胶皮管破裂。同样，如果试图将超过处理能力的数据量沿着一根铜线传输，结果将是数据丢失或出错。与传输介质相关的噪声和设备能进一步制约吞吐量，充满噪声的电路将花费更多的时间补偿噪声，因而只有更少的资源可用于传输数据。带宽这个术语常常与吞吐量交换使用。严格地说，带宽是对一个介质能传输的最高频率和最低频率之间的差异进行度量；频率通常用 Hz 表示，它的范围直接与吞吐量相关。例如，若 FCC 通知你能够在 870~880MHz 之间传输无线信号，那么分配给你的带宽将是 10MHz。带宽越高，吞吐量就越高，由于在给定的时间段内，较高的频率能比较低的频率传输更多的数据。在本章的后面部分，将介绍最常用的网络介质的吞吐量特征。

2. 成本

不同种类的传输介质牵涉的成本是难以准确描述的。它们不仅与环境中现存的硬件有关，而且还与你所处的场所有关。下面的变量都可能影响采用某种类型介质的最后成本。安装成本：你能自己安装介质吗？或你必须雇用承包商做这件事吗？你是否需要折墙或修建新的管道或机柜？你是否需要从一个服务提供商处租借线路。新的基础结构相对于复用已有基础结构的成本：你是否能使用已有的电线？在某些情况下安装所有新的 5 类 UTP；如果你能使用已有的 3 类 UTP，电线将可以不用付费。假如仅仅只替换基础结构的一部分，它是否能轻易地与已有介质集成。维护和支持成本：假如复用一个已有介质基础结构常常需要修理或改进，复用并不省任何钱。同时，如果使用了一种不熟悉的介质类型，可能需要花费更多，比如雇用一个技师维护它。你是否能自己维护介质，或你是否必须雇用承包商维护它？因低传输速率而影响生产效率所付出的代价：如果你通过复用已有的低速的线路来省钱，你是否可能因为降低了生产率而遭受损失？换言之，你是否使你的员工在进行保存和打印报告或发送邮件时等待更长的时间？更换过时介质的成本：你是否选择了要被逐渐淘汰或需迅速替换的介质？你是否能发现某种价格合理的连接硬件与你几年前选择的介质相兼容？

3. 尺寸和可扩展性

三种规格决定了网络介质的尺寸和可扩展性：每段的最大节点数、最大段长度、最大网络长度。在进行布线时，这些规格中的每一个都是基于介质的物理特性的。每段最大节点数与衰减有关，即通过给定距离信号损失的量有关。对一个网络段每增加一个设备都将略微增加信号的衰减。为了有一个清晰的强信号，必须限制一个网络段中的节点数。

网络段的长度也因衰减受到制约。在传输一定的距离之后，一个信号可能因损失得太多以至无法被正确解释。在这种损失发生之前，网络上的中继器必须重发和放大信号。一个信号能够传输并仍能被正确解释的最大距离即为最大段长度。若超过这个长度，更易于发生数据损失。类似于每段最大节点数，最大段长度也因不同介质类型而不同。在一种理想的环境中，网络可以在发送方和接收方之间实时传输数据，不论两者之间相隔多远。一个信号从它的发送到它的最后接收之间存在延迟，每个网络都受这种延迟的支配。比如，当你在计算机上敲一个键将一个文件保存到网络上时，文件的数据在它到达服务器的硬盘时必须通过网络接口卡、网络中的一个集线器或也可能是一个交换机或路由器、更多的电缆以及服务器的网络接口卡。虽然电子传输迅速，它们仍然不得不经过传输这一过程。这个过程在你敲键的那一刻和服务器接收数据的那一刻之间必然存在一个短暂的延迟，这种延迟被称时延。如同存在一个连通设备，如路由器，接入设备的转换时间将影响时延，所使用的电缆长度也将影响时延。但是，仅仅当一个接收节点正期望接收某种类型的数据时，如它已开始接收的数据流的剩余部分，时延的影响将可能成为问题。假如该接收节点未能接收数据流的剩余部分，它将认为没有更多的数据输入，这将导致网络上的传输错误。同时，当连接多个网络段时，也将增加网络上的时延。为了限制时延并避免相关的错误，每种类型的介质都标定一个最大连接段数。

4. 连接器

连接器是连接电线缆与网络设备的硬件。网络设备可以是一个文件服务器、工作站、交换机或打印机。每种网络介质都对应一种特定类型的连接器。所使用的连接器的种类将影响网络安装和维护的成本、网络增加段和节点的容易度，以及维护网络所需的专业技术知识，用于 UTP 电缆的连接器（看上去更像一个大的电话线连接器）在接入和替换时比用于同轴电缆的连接器的插入和替换要简单得多，UTP 电缆连接器同时也更廉价，并可用于许多不同的介质设计。在本章后面部分将对不同介质所需的连接器做更多的介绍。

5. 抗噪性

正如前面提到的，噪声能使数据信号变形。噪声影响一个信号的程度与传输介质有一定关系。某些类型的介质比其他介质更易于受噪声影响。无论是何种介质，都有两种类型的噪声会影响它们的数据传输：电磁干扰（EMI）和射频干扰（RFI）。EMI 和 RFI 都是从电子设备或传输电缆发出的波。发动机、电源、电视机、复印机、荧光灯以及其他的电源都能产生 EMI 和 RFI，RFI 也可由来自广播电台或电视塔的强广播信号产生。

对任何一种噪声，你都能够运用措施限制它对网络的干扰。例如，可以远离强大的电磁源进行布线。如果环境仍然使网络易受影响，应选择一种能限制影响信号的噪声量的传输。电缆可以通过屏蔽、加厚或抗噪声算法获得抗噪性。假如屏蔽的介质仍然不能避免干扰，你可以使用金属管道或管线以抑制噪声并进一步保护电缆。

三、传输介质的分类

目前，计算机通信分为两种：有线通信和无线通信。有线通信是利用电缆、光缆或电话线来充当传输导体；无线通信是利用卫星、微波、红外线来充当传输导体。目前，在有线通信线路上使用的传输介质有双绞线、同轴电缆和光导纤维。每种传输介质都有其不同的特征，现分别叙述如下。

同轴电缆

同轴电缆，英文简写为"Coax"。20世纪80年代，它是Ethernet网络的基础，并且多年来是一种最流行的传输介质。同轴电缆由一根空心的外圆柱导体及其所包围的单根导线组成。柱体同导线用绝缘材料隔开，其频率特性比双绞线好，能进行较高速率的传输。由于它的屏蔽性能好，抗干扰能力强，因此多用于基带传输。屏蔽层作用是避免自身信号的串扰和外界的干扰。

1. 同轴电缆的应用

一般同轴电缆应用于总线型拓扑结构实现总线传送，并且在两端各加上50欧姆的电阻可以避免不必要的信号在信道中回环传送，但是同轴电缆应用的网络环境里若有一个节点损坏，则整个网络瘫痪。

2. 同轴电缆分类

同轴电缆按直径分为粗缆与细缆。一般来说，粗缆传输距离较远，而细缆由于功率损耗较大，一般只能用于传输距离为500米以内的数据。同轴电缆不可绞接，各部分是通过低损耗的50欧姆连接器连接的。连接器在物理性能上与电缆相匹配。中间接头和耦合器用线管包住，以防不慎接地。同轴电缆一般安装在设备与设备之间，在每一个用户位置上都装备有一个连接器，为用户提供接口。接口的安装方法如下：

（1）粗缆：粗缆一般采用一种类似夹板的Tap装置进行安装，它利用Tap上的引导针穿透电缆的绝缘层，直接与导体相连。电缆两端头设有终端器，以削弱信号的反射作用。

Thicknet（10Base5）

Thicknet电缆，也被称为Thickwire Ethernet。它是一种用于原始Ethernet网络大约1厘米厚的硬同轴电缆。由于这种电缆常用一层黄色封套覆盖，Thicknet有时也被称为"Yellow Ethernet"或"Yellowgarden hose"。IEEE将Thicknet命名为10Base5 Ethernet。"10"代表10Mbps的吞吐量，"Base"代表是基带传输，"5"代表了Thicknet电缆的最大段长度为500米。在较新的网络中几乎不能发现Thicknet，只有在较老的网络中才可以发现它。在这种网络中它一般用于将一个数据机柜与另一个相连以作为网络骨干的一部分。

Thicknet 的特性总结如下：

吞吐量虽然有可能在传输速度为 100Mbps 的网络中使用 Thicknet 电缆，但根据 IEEE 802.3 标准，Thicknet 传输数据的最大速率是 10Mbps，它使用基带传输。

成本：Thicknet 比光缆便宜得多，但比其他类型的同轴电缆，如 Thinnet，要昂贵得多。

抗噪性：由于直径尺寸大和较好的屏蔽物，通常使用的网络电缆 Thicknet 具有最高的抗噪性。

连接器：粗缆采用 15 针的 AUI 接口与网络设备互连。

尺寸和可扩展性：由于 Thicknet 具有较高抗噪性，因而与其他类型的电缆相比，它允许数据传输更远的距离。它的最大段长度是 500 米，或大约 1640 英尺。每段最大能够容纳 100 个节点。

如果两点连接使用中继来连接时它的总最大网络长度为 2500 米，为最小化站点之间的干扰的可能性，网络设备应分隔 2.5 米，Thicknet 的一些较重要的缺点使它很少用于现代网络中。首先，这种类型的电缆难以管理，它的坚硬性使它难以处理和安装。其次，由于高速数据传输不能运行在 Thicknet 上，它不允许网络进行改进。虽然 Thicknet 比目前流行的许多传输介质要便宜且具有较好的抗噪性。

（2）细缆：将细缆切断，两头装上 BNC 接头（BNC 接头是一种专门用来连接以太网细缆的设备），然后接在 T 形连接器两端。

Thinnet（10Base2）

Thinnet，也被称为 Thin Ethernet。在 20 世纪 80 年代是用于 Ethernet 局域网的最流行的介质。Thinnet 很少用于现代网络中，但在 20 世纪 80 年代安装的网络中，或在一些较新的小型办公室或家庭办公室局域网中可能会发现 Thinnet。IEEE 将 Thinnet 命名为 10Base2 Ethernet，其中"10"表明了它的数据传输速度为 10Mbps，"Base"代表了它使用基带传输，"2"代表了它的最大段长度为 185 米（在贝尔实验室测试为 200 米，但实际传输工作时最大只能传输 185 米）。由于 Thinnet 黑色的外罩，它也被称为"black Ethernet"。Thinnet 电缆直径大约为 0.64 厘米，这使得它比 Thicknet 更加灵活，也更易于处理和安装。

Thinnet 的大部分特征总结如下：

吞吐量：Thinnet 传输数据的最大速度为 10Mbps，它使用基带传输。

成本：Thinnet 比 Thicknet 和光缆便宜得多，但比双绞线电缆昂贵。预先组合好的电缆大约每英尺 1 美元。由于这个原因，Thinnet 有时也被称为"cheapnet"。

尺寸和可扩展性：Thinnet 允许每个网络段最长 185 米，这个长度比 Thicknet 所能提供的要小，这是因为 Thinnet 抗噪性不如 Thicknet 强。同样的原因，使 Thinnet 每段最多仅能容纳 30 个节点，它的最大总网络长度为 925 米。为最小化干扰，Thinnet 网络中的设备应至少分隔 0.5 米。

连接器：Thinnet 使用 BNC 连接器将电缆与网络设备相连。一个具有 3 个开放口的 BNC 连接器的"T"形底部连接到 Ethernet 的网络接口卡上，两边连接 Thinnet 电缆，以便允许信号进出网络接口卡。缩略词 BNC 的原形，有些不明确，可能表示"British Naval Connector(英国海运连接器)"。BNC 管状连接器（仅有 2 个开放口）同轴电缆有两种基本类型，基带同轴电缆和宽带同轴电缆。目前基带常用的电缆，其屏蔽线用铜做成的网状的，特征阻抗为 50 欧姆（如 RG-8、RG-58 等）；宽带同轴电缆的屏蔽层通常是用铝冲压成的，特征阻抗为 750 欧姆（如 RG-59 等）。

粗同轴电缆与细同轴电缆是指同轴电缆直径的大小。粗缆适用于比较大型的局部网络，它的标准距离长、可靠性高。由于安装时不需要切断电缆，因此可以根据需要灵活调整计算机的入网位置。但粗缆网络必须安装收发器和收发器电缆，安装难度大，所以总体造价高。相反，细缆安装则比较简单、造价低，但因为安装过程要切断电缆，两头须装上基本网络连接头（BNC），然后接在 T 形连接器两端，所以当接头多时容易产生接触不良的隐患，这是目前运行中的以太网的最常见故障之一。为了保持同轴电缆的正确电气特性，电缆屏蔽层必须接地。同时两头要有终端器来削弱信号反射作用。

无论是粗缆还是细缆均为总线拓扑结构，即一根电缆上接多部机器，这种拓扑适用于机器密集的环境。但是当一个触点发生故障时，故障会串联影响到整根电缆上的所有机器，故障的诊断和修复都很麻烦，因此，同轴电缆将逐渐被非屏蔽双绞线或光缆取代。

双绞线

双绞线（TP：Twisted Pair）是一种最常用的传输介质。双绞线是由两根具有绝缘保护的铜导线组成的。把两根绝缘的铜导线按一定密度互相绞在一起，可降低信号干扰的影响程度。每一根导线在传输中辐射出来的电波会被另一根线上发出的电波抵消。双绞线一般由两根 22 号到 26 号绝缘铜导线相互缠绕而成。如果把一对或多对双绞线放在一条导管中，便成了双绞线电缆。与其他传输介质相比，双绞线在传输距离、信道宽度和数据速度等方面均受到一定的限制，但价格相对较为低廉。

1. 双绞线分类

目前双绞线可分为非屏蔽双绞线（UTP：Unshielded Twisted Pairwire，也称非屏蔽双纹线）和屏蔽双绞线（STP：Shileded Twisted Pairwire，也称八线头和四线头双绞线）两种。屏蔽双绞线电缆的外层由铝箔包裹，它的价格相对要贵一些。

虽然双绞线主要是用来传输模拟声音信息的，但同样适用于数字信号的传输，特别适用于较短距离的信息传输。在传输期间，信号的衰减比较大，并且使其波形畸变。为了克服这一弱点，一般在线路上选用放大技术来再生波形。

运用双绞线的局部网络的带宽取决于所用导线的质量、每一根导线的精确长度及传输技术。只要精心选择和安装双绞线，就可以在短距离内达到几百万位/秒的可靠传输率。当距离很短，并且采用特殊的电子传输技术时，传输率可达100Mbps甚至更高的传输速率。用双绞线传输数据时距离通常是100米。双绞线最适合用于局部网络内点对点之间的设备连接。但它很少用来作为广播方式传输的媒体。因为广播方式的总线通常需要相当长距离的非失真传输。

因使用双绞线传输信息时要向周围辐射，这很容易被窃听，所以要花费额外的代价加以屏蔽，以减小辐射（但不能完全消除）。而且双绞线电缆一般具有较高的电容性，这可能会使信号失真，故双绞线电缆不太适合高速率的数据传输。之所以选用双绞线作为传输媒体，是因为其实用性较好、价格较低，比较适用于应用系统。

2. 双绞的类型分类

1991年，两个标准组织，TIA（电信工业协会）和EIA（电子工业协会）联合开发了TIA/EIA 568标准，在TIA/EIA 568标准中完成了他们对双绞线的规定说明。从那以后，两个组织，一直继续在为新的以及被修改的传输介质修订国际标准。他们的标准目前覆盖的内容包括电缆介质、设计以及安装规范，TIA/EIA 568标准将双绞线电线分割成若干类。因此你可能听说双绞线被称为1、2、3、4或5类，不久又出现了6类，所有这些电缆都必须符合TIA/EIA 568标准，局域网经常使用3类或5类电缆。

1类线（CAT1）：一种包括两个电线对的UTP形式。1类适用于话音通信，而不适用于数据通信。它每秒最多只能传输20Kbps的数据。

2类线（CAT2）：一种包括四个电线对的UTP形式。数据传输速率可以达到4Mbps。但由于大部分系统需要更高的吞吐量，2类很少用于现代网络中。

3类线（CAT3）：一种包括四个电线对的UTP形式。在带宽为16MHz时，数据传输速度最高可达10 Mbps。3类一般用于10 Mbps的Ethernet或4 Mbps的Token Ring。虽然3类比5类便宜，但为了获得更高的吞吐量，网络管理员正逐渐用5类代替3类。

4类线（CAT4）：一种包括四个电线对的UTP形式。它能支持高达10 Mbps的吞吐量，CAT4可用于16 Mbps的Token Ring或10 Mbps的Ethernet网络中。它可确保信号带宽高达20MHz。并且与CAT1、CAT2或CAT3相比，它能提供更多的保护以防止串扰和衰减。

5 类线（CAT5）：用于新网安装及更新到快速 Ethernet 的最流行的 UTP 形式。CAT5 包括四个电线对，支持 100 Mbps 吞吐量和 100 Mbps 信号速率。除 100Mbps Ethernet 之外，CAT5 电缆还支持其他的快速联网技术。

超 CAT5：CAT5 电缆的更高级别的版本。它包括高质量的铜线，能提供一个高的缠绕率，并使用先进的方法以减少串扰。增强 CAT5 能支持高达 200 MHz 的信号速率，是常规 CAT5 容量的 2 倍。

6 类线（CAT6）：包括四对电线对的双绞线电缆。每对电线被箔绝缘体包裹，另一层箔绝缘体包裹在所有电线对的外面，同时一层防火塑料封套包裹在第二层箔层外面。箔绝缘体对串扰提供了良好的阻抗，从而使得 CAT6 能支持的吞吐量是常规 CAT5 吞吐量的六倍，由于 CAT6 是一种新技术且大部分网络技术不能利用它的最高容量，CAT6 很少用于当今的网络中。

3. 双绞线的连接标准

EIA/TIA 对双绞线的连接规定了标准，使用数据通信更加规范，而且在以后的布线实施过程非常简单。EIA/TIA 将双绞线连接标准分为两类：EIA/TIA568A 和 EIA/TIA568B 标准。EIA/TIA568A 的连线标准是：白橙、橙、白绿、蓝、白蓝、绿、白棕、棕；EIA/TIA568B 的标准是：白绿、绿、白橙、蓝、白蓝、橙、白棕、棕。一般双绞线的使用时又分为：直连线和交叉线，双绞线的制作采用专业的网钳制作工具。

4. 双绞线的使用

同种设备互联使用交叉线，如：PC 与 PC、集线器与集线器、交换机与交换机、路由器与路由器；

不同种设备互联使用直连线，如：主机与集线器、集线器与交换机。

5. 双绞线的特性

STP 和 UTP 具有许多共同的特性，下面列举它们主要的相同和不同之处。

吞吐量：STP 和 UTP 能以 10 Mbps 与 100 Mbps 之间的速度传输数据。

成本：STP 和 UTP 的成本区别在于所使用的铜态级别、缠绕率以及增强技术。一般来说，STP 比 UTP 更昂贵，但高级 UTP 也是非常昂贵的。例如，增强型 CAT 5 每米比常规 CAT 5 多花费 20%，新的 CAT 6 电缆甚至比增强型 CAT5 还要昂贵得多。

连接器：STP 和 UTP 使用的连接器和数据插孔看上去类似于电话连接器和插孔显示了一个包含四对电线电缆的 RJ-45 连接器的特写镜头。在本章后面的安装电缆一节将更详细介绍如何使用 RJ-45 连接器和数据插孔。

抗噪性：STP 具有屏蔽层，因而它比 UTP 具有更好的抗噪性。

但是，在另一方面，UTP 可以使用过滤和平衡技术抵消噪声的影响。尺寸和可扩展性：STP 和 UTP 的最大网段长度都是 100 米。它们的跨距小于同轴电缆所提供的跨距，这是因为双绞线更易受环境噪声的影响。双绞线的每个逻辑段最多仅能容纳 1024 个节点，整个网络的最大长度与所使用的网络传输方法有关。

光纤

光导纤维（Optical Fiber）是一种传输光束的细微而柔韧的介质，通常由非常透明的石英玻璃拉成细丝，由纤芯和包层构成双层通信圆柱体。纤芯用来传导光波。包层有较低的折射率。当光线从高折射率的介质射向低折射率的介质时，其折射角将大于入射角。因此，如果折射角足够大，就会发生全反射，即光线碰到包层时就会折射回纤芯。这个过程不断重复，光也就沿着光纤传输下去。现代的生产工艺可以制造出超低损耗的光纤，即做到光线在纤芯中传输好几公里而基本上没有什么损失，这乃是光纤通信得到飞速发展的最关键因素。

光纤传输原理：光纤在两点之间传输数据时，在发送端要具备光发机，在接收端要置有光接收机，如果要实现双向收、发，则双方都应具备光接收机和光发机。"光发机"主要是将计算机内部的数字信号转换成光纤可以接收的光信号，"光接收机"主要是将光纤上的光信号转换成计算机可以识别的数字信号。

在光纤中，只要射到光纤表面的光线的入射角大于某一个临界角度，就可以产生全反射。因此，可以存在许多条不同角度入射的光线在一条光纤中传输，这种光纤就称为多模光纤。但是，若光纤的直径减小到只有一个光的波长，则光纤就像一根波导一样，可使得光线一直向前传播，而不会有多次反射，这样的光纤就称为单模光纤。

光纤的类型由模材料（玻璃或塑料纤维）及芯和外层尺寸决定，芯的尺寸大小规定光的传输质量。常用的光纤有：

8.3μm 芯、125μm 外层、单模。

62.5μm 芯、125μm 外层、多模。

50μm 芯、125μm 外层、多模。

100μm 芯、140μm 外层、多模。

光导纤维电缆由一捆纤维组成，简称为光缆。光缆是数据传输中最有效的一种传输介质，它有以下几个优点：

（1）频带宽（单模可达 3.3GHz）。

（2）衰减较小，可以说在较长距离和范围内信号是一个常数。

（3）不受电源冲击、电磁干扰相对电源故障的影响，电磁绝缘性能好。

（4）细、重量轻。

（5）无光泄漏，因而保密性好。

（6）中继器的间隔较大，因此可以降低整个通道中继器的数目，以降低成本。根据贝尔实验室的测试，当数据的传输速率为420 Mbps且距离为119km无中继器时，可见其传输质量很好。而同轴电缆和双绞线每隔几千米就需要接一个中继器。

光缆的优点是由其内在的物理特性决定的：它传输的是光子，而光子不相互影响，不受外界电磁干扰，且本身也不向外辐射信号。

当然，光缆也有缺点。首先，抽头困难是它固有的难题，因为割开的光缆需要再生和重发信号，光纤接口也比较昂贵；其次，由于光传输是单向的，要实现双向传输则需要有两根光纤或一根光纤上有两个频段。

第二节　布线设计与管理

计算机网络技术与综合布线系统息息相关。计算机和通信技术的飞速发展，网络应用已成为人们日益增长的一种需求；而结构化布线是网络实现的基础，是现今和未来计算机网络和通信系统的有力支撑。所以在设计综合布线系统的同时必须充分考虑所使用的网络技术及网络技术的新趋势，避免硬件资源的冗余和浪费，为了充分发挥综合布线的优点。

综合布线系统是一套用于建筑物内或实验室之间为计算机、通信设施与监控系统预先设置的信息传输通道。它将语音、数据、图像等设备彼此相连，同时能使上述设备与外部通信数据网络相连接。

综合布线系统是为适应综合业务数字网（ISDN）的需求而发展起来的一种特别设计的布线方式，它为建筑群实验室中的信息设施提供了多厂家产品兼容，模块化扩展、更新与系统灵活重组的可能性。既为用户创造了现代信息系统环境，又强化了控制与管理，又为用户节约了费用，保护了投资。综合布线系统已成为现代化建筑的重要组成部分。

综合布线系统应用高品质的标准材料，主要以非屏蔽双绞线（非屏蔽双绞线、光纤）作为传输介质，采用组合压接方式，统一进行规划设计，组成一套完整而开放的布线系统。该系统将语音、数据、图像信号的布线与实验室安全报警、监控管理信号的布线综合在一个标准的布线系统内。

综合布线的硬件包括传输介质（非屏蔽双绞线、大对数电缆和光缆等）、配线架、标准信息插座、适配器、光电转换设备、系统保护设备等。

一、布线设计和管理

很长一段时间内，多数机构都对它们的电缆设备——构成企业范围布线系统的硬件——作想当然处理。然而，因为日益增长的通信需求以及商业增长对网络的依赖性，这些机构目前必须主动地管理它们的物理底层结构。灵活的布线设计和管理使得移动和扩充更容易，同时也因物理层问题而降低了生产率。虽然，这些管理不如资产管理或安全事务那样能引起更多的重视，但它的确是好的网络管理策略的一个重要方面。

1991 年，TIA/EIA 发布了 "TIA/EIA568 商业大厦布线标准"，也被称为结构化布线标准，用于规范统一的企业级多卖主布线系统。结构化布线建议怎样安装网络才能使性能最优并且维护最少。它基于一种层次设计思想，将电缆分割成下面所描述的六个系统。在进行设计、安装，或对一个机构的电缆设备进行故障检修之前应该熟悉结构化布线的原理。

入口设备：大厦内部电缆设备的开始处。入口设备将局域网与广域网分离，并指定了电信服务提供商（可以是本地电话公司、专用或长途提供商）负责的（外）线的布接点。

主干电缆：主干实质上是一种网中网。主干电缆提供机柜、器材室及入口设备间的互联。在一个校园网中，主干不仅包括楼层之间的纵向连接器和设备间之间的电缆，而且还包括大厦间的电缆。TIA/EIA 标准指定了不同电缆类型的主干线的距离限制。在现代网络中，主干线通常由光缆或 UTP 电缆组成，交叉连接是主干布线的中央连接点。

设备间：一些重要的网络硬件，例如服务器和主机，都放在这里。连接到设备间的电缆通常都是连接到电信机柜。在一个校园网中，每一幢建筑物都可以有自己的设备间。

电信机柜：电信机柜包括了所在区的工作站组的连接和到设备间的交叉连接。大型机构在每个楼层都可以有几个电信机柜。电信机柜一般包括了信息插头模块、信息插座模块、集线器或交换机以及其他的连接硬件。信息插座模块是一种接收面板，从工作站来的水平电缆可以插入信息插座模块的插孔中。信息插头模块是一种安装在墙上的数据接收面板，可以接入从信息插座模块来的电缆。最后，电缆将插头连接到集线器或交换机上。电信机柜通常较小且被密封，因此好的冷却和通风系统对于维持电信机柜处于常温状态是非常重要的。

水平电缆：用于连接所在区域工作站和电信机柜的电缆。对于水平电缆，TIA/EIA 认为有三种可能的类型：STP、UTP 和光缆。水平电缆允许的最长距离为 100 米。

这个距离包括从电信机柜连接到墙上数据插孔的 90 米加上从墙上数据插孔连接到工作站的最大距离 10 米。

工作区：该区包括将工作站、打印机和其他网络设备从它们的网络接口卡连接到电信机柜所必需的所有装配电缆和水平电缆。装配电缆是一种相对短的双绞线电缆，在它的两端各有一个连接器以连接网络设备和数据插孔。TIA/EIA 标准要求每个墙壁插座应至少包括一个话音插孔和一个数据插孔。在现实情况中，将会遇到各种不同的墙壁插座。例如，在一个没有电话的学生计算机实验室，包括话音和数据插孔的插座是没有必要的。

出了一个结构化分级布线的例子。TIA/EIA 标准指定单级结构只能包括两级交叉连接电。坚持标准化分级布线只是好的电缆管理策略的一部分。你或你们的网络管理员也应该对你们机构所使用的电缆类型制定标准并且维护一张已被认可的电缆销售商表。开辟一个供应室储备空闲的部件以便能轻易迅速地更换有问题的部件。对你的电缆设备创建文档，内容包括安装电缆的地点、长度和级别。为每个数据插座、插孔和连接器作标签，对不同用途的电缆使用不同的颜色（可购买具有不同外罩颜色的电缆）。例如，你可能想将粉红色用于装配电缆，绿色用于水平电缆，灰色用于纵向（主干）电缆。将文档保存在较近的地方，并且在你改动网络时要保证更新相应的文档。你的文档越多，移去或添加电缆段就越容易。

最后，对电缆设备如何适于发展作出规划。例如，假如你的机构正迅速发展，应考虑用光缆代替原有主干，并且在电信机柜中留出足够的空间以放置更多的配线架。由于你最有可能用双绞线电缆进行布线，下一节将解释如何在服务器与方式机之间安装这种类型的电缆。

二、正确地选择传输介质

既然已经了解了各种类型网络的传输特性及优缺点，需要考虑在实际网络环境中如何评估各类介质。以下总结了必须考虑的主要环境因素，并对不同的条件推荐了适当的传输介质。大部分环境包含这些因素的综合情况，你必须在每种介质的重要性及最优选择的开销间进行选择。

高 EMI 或 RFI 区域：如果环境内拥有许多电能源，你应尽可能使用抗噪性最好的介质。Thick Ethernet 和光缆在目前是抗噪性最好的介质。

EMI（电磁干扰）一种干扰类型，它是由发动机、电线、电视机、复印机、荧光灯或其他电源产生的。

RFI（射频干扰）一种干扰类型，发生源可以是发动机、电线、电视、复印机、荧光灯或来自广播电台或电视塔的广播信号。

拐角和狭窄空间：如果环境要求电缆在拐角处弯曲或穿过狭窄空间，应该尽可能使用最灵活的传输介质，STP 和 UTP 两者都是非常灵活的。

距离：如果环境要求远距离传输，应考虑光缆或无线介质，也能使用双绞线或同轴电缆，但它们更易受衰减和干扰的影响，同时需要中继器。

安全性：如果某个机构比较在意电线被窃听，应选择具有最高安全性的传输介质。光缆和直接红外介质对这种环境都是很好的选择。

既存体系结构：如果对一个已有的电缆设备增加电缆，应考虑它将如何与既存电缆设备相互作用以及两者间所需的连接性硬件。选择的介质应与机构以前安装的设备相适应。

发展：搞清楚准备如何扩展网络以及在设计布线时是如何考虑将来的应用、通信业务和地理扩展这些问题的。在这种情况下，所选择的介质必须适应机构的需求。

第三节 传输层

传输层是建立在网络层和会话层之间的一个层次，实际上它是网络体系结构中高低层之间衔接的一个接口层。传输层不仅仅为一个单独的结构层，而且是整个分层体系协议的核心，没有传输层整个分层协议就没有存在意义。

一、传输层的概念

从不同的观点来看传输层，则传输层可以被划入高层，也可以被划入低层。如果从面向通信和面向信息处理的角度看，传输层属于面向通信的低层中的最高层，也就是它属于低层。如果从网络功能和用户功能的角度看，传输层则属于用户功能的高层中的最低层，也就是说它属于高层。

对通信子网的用户来说，希望得到的是端到端的可靠通信服务。通过传输层的服务来弥补各通信子网提供的有差异和有缺陷的服务。通过传输层的服务，增加服务功能，使通信子网对两端的用户都变成透明的。也就是说传输层对高层用户来说，它屏蔽了下面通信子网的细节，使高层用户看不见实现通信功能的物理链路是什么，看不见数据链路的规程是什么，看不见下层有多少个通信子网和通信子网是如何连接起来的，传输层使高层用户感觉到的就好像是在两个传输层实体之间有一条从端到端的可靠的通信通路。

网络层是通信子网的一个组成部分，网络层提供的是数据报和虚电路两种服务，网络服务质量并不可靠。数据报服务，网络层无法保证报文无差错、无丢失、无重复，无法保证报文按顺序从发送端到接收端。虽然虚电路服务可以保证报文无差错、无重复、无丢失和按顺序发送接收报文。但在这种情况下，也并不能保证服务能达到100%的可靠。由于用户无法对通信子网加以控制，因此无法采用通信处理机来解决网络服务质量低劣的问题。解决问题的唯一办法就是在网络层上增加一层协议，这就是传输层协议。

传输层服务独立于网络层服务，运输服务是一种标准服务。传输层服务适用于各种网络，因而不必担心不同的通信子网所提供的不同的服务及服务质量。而网络层服务则随不同的网络，服务可能有非常大的不同。所以，传输层是用于填补通信子网提供的服务与用户要求之间的间隙的，其反映并扩展了网络层的服务功能。对传输层来说，通信子网提供的服务越多，传输层协议越简单；反之传输层协议越复杂。

传输层的功能就是在网络层的基础上，完成端对端的差错纠正和流量控制，并实现两个终端系统间传送的分组无差错、无丢失、无重复、分组顺序无误。

二、传输层协议

为了使不同的网络能够进行不同类型的数据传输，ISO定义了0类到4类共5类运输协议。所有5类协议都是面向连接的，5类协议都要用到网络层提供的服务，即建立网络连接。并且，在建立网络连接时，还需要建立各有关短路的连接，在数据传输结束后，释放运输连接。

服务质量是指在运输连接点之间所出现的运输连接的特征，服务质量反映了运输质量及服务的可用性，它是用以衡量传输层性能的。服务质量的内容主要包括：建立连接延迟、建立连接失败、吞吐量、传输延迟、残留差错率、连接拆除延迟、连接拆除失败率、连接回弹率、运输失败率等等。

根据用户的要求和差错的特征，网络服务按质量被划分为三种类型：

1.A型网络服务。网络连接具有可接受的低差错率（残留差错率或漏检差错率）和可接受的低故障通知率（通知传输层的网络连接释放或网络连接重建）。网络服务是一个高效的、理想的、可靠的服务。A型网络服务条件下，网络中传输的分组不会丢失和失序。在这种情况下，传输层就不需要提供故障恢复和重新排序的服务。

2.B型网络服务。网络连接具有可接受的低差错率和不可接受的低故障通知率。网络服务是完美的分组传递交换，但有网络连接释放或网络连接重建问题。

3.C型网络服务。网络连接具有不可接受的高差错率。C型网络服务质量最差，对于这类的网络，运输协议要具有对网络进行检错和差错恢复能力，具有对失序、重复、错误投递的分组进行检错和更改能力。

OSI 根据传输层功能的特点按级别为传输层定义了一套功能集，这套功能集包括 0 类到 4 类共五类协议。

1. 0 类协议。0 类协议是面向 A 型网络服务的。其功能只是建立一个简单的端到端的运输联接和在数据传输阶段具有将长数据报文分段传送的功能。0 类协议没有差错恢复和将多条运输连接复用到一条网络连接上的功能。0 类协议是最简单的协议。

2. 1 类协议。1 类协议是面向 B 型网络服务的。其功能是在 0 类型协议的基础上增加了基本差错恢复功能。基本差错是指出现网络连接断开或网络连接失败，或者收到了未被认可的运输连接的数据单元。

3. 2 类协议。2 类协议也是面向 A 型网络服务的。但 2 类协议具有复用功能，能进行对运输连接的复用，协议具有相应的流量控制功能。2 类协议中没有网络连接故障恢复功能。

4. 3 类协议。3 类协议是面向 B 型网络服务的。3 类协议的功能既有差错恢复功能，又有复用功能。

5. 4 类协议。4 类协议是面向 C 型网络服务的。4 类协议具有差错检测、差错恢复、复用等功能。它可以在网络服务质量差时保证可靠的数据传输。4 类协议是最复杂的协议。

现在通用的传输层的协议是 TCP，它是 TCP/IP 协议族中的一个重要协议。TCP/IP 协议族是美国国防部高级计划研究局为实现 ARPA 互联网而开发的。其准确的名称应该是 Internet 协议族。虽然 TCP 不是 OSI 标准，但已被公认成为当前的工业标准。

三、传输层的功能

传输层的作用可归纳为两类：一类是运输连接管理，即负责建立和在通信完毕时释放运输连接；另一类是数据传送。

1. 连接与传输

在一般情况下，会话层要求的每个传送联接，传输层相应都要在网络层上建立连接。运输层的这种连接总是以通信子网提供的服务为基础的。当传输吞吐量大，需要建立多条网络传输连接时，为减少费用，传输层可把几条传输连接在同一条网络连接上，实行多路复用。因此要求传输层建立的多路复用对会话层都是透明的。

2. 传输服务

网络层的服务包括数据报和虚电路。当网络层提供的是虚电路服务，那么传输层能保证对报文的正确接收，传输层协议同通信子网能够构成可靠的计算机网。如果网络层提供的是数据报服务，传输层协议则必须包括差错校验及差错恢复。因为此时网络层提供的服务没有进行差错控制、丢失、报文重复等处理工作的服务，可靠性较差。传输层的服务，使高层的用户可以完全不考虑信息在物理层、数据链路层和网络层通信的详细情况，方便用户使用。

3.端对端通信

传输层的协议都具有端对端的性质，其中端被定义为对接传输实体。通过传输层提供的服务，实现了从一个传输实体到另一个传输实体的网络连接，所以传输层不关心路径选择和中断。

值得注意的问题是传输层与链路层之间，它们的协议有相似之处，但是它们之间的区别是非常大的。传输层的环境比链路层的环境要复杂得多。这是由于传输层的环境是两个主机以整个子网为通信信道进行通信。数据链路层的环境是两个分组交换结点直接通过一条物理信道进行通信。

4.状态报告和安全保密

传输层不仅要为传输层用户提供传输层实体或运输连接的状态信息，还要提供对发送者与接收者的确认、数据加密与解密、通过保密的链路和结点的路由选择等安全的服务。

差错控制方式基本上分为两类，一类称为"反馈纠错"，另一类称为"前向纠错"。在这两类基础上又派生出一种类型称为"混合纠错"。

1.反馈纠错

这种方式是在发信端采用某种能发现一定程度传输差错的简单编码方法对所传信息进行编码，加入少量监督码元，在接收端则根据编码规则收到的编码信号进行检查，一旦检测出（发现）有错码，即向发信端发出询问的信号，要求重发。发信端收到询问信号时，立即重发已发生传输差错的那部分发信息，直到正确收到为止。所谓发现差错是指在若干接收码元中知道有一个或一些是错的，但不一定知道错误的准确位置。

2.前向纠错

这种方式是发信端采用某种在解码时能纠正一定程度传输差错的较复杂的编码方法，使接收端在收到信码中不仅能发现错码，还能够纠正错码。采用前向纠错方式时，不需要反馈信道，也无须反复重发而延误传输时间，对实时传输有利，但是纠错设备比较复杂。

3.混合纠错

混合纠错的方式是：少量纠错在接收端自动纠正，差错较严重，超出自行纠正能力时，就向发信端发出询问信号，要求重发。因此，"混合纠错"是"前向纠错"及"反馈纠错"两种方式的混合。

对于不同类型的信道，应采用不同的差错控制技术，否则就将事倍功半。反馈纠错可用于双向数据通信，前向纠错则用于单向数字信号的传输，例如广播数字电视系统，因为这种系统没有反馈通道。

四、流量控制与阻塞控制的关系及其区别

流量控制是为了防止阻塞的发生。流量控制和阻塞控制的目的都是提高网络性能，提高业务的服务质量。

流量控制与阻塞控制的区别在于：流量控制的目的是控制进入网络的数量，以尽量避免阻塞的发生。而阻塞控制的目的是当网络已经阻塞时，采取措施减小阻塞带来的影响，避免阻塞的进一步加剧。

第三章 计算机网络及卫星网络
数据链路层协议

计算机网络是由多种计算机和各类终端，通过通行线路连接起来组成的一个复合系统，计算机网络数据链路层协议使得计算机能更好地运行，因此，本章将对计算机网络及卫星网络数据链路层协议进行介绍。

第一节 常用计算机网络数据链路层协议

数据链路层以帧为单位传送数据，对网络层屏蔽物理层的特性和差异，通过帧同步、链路管理、差错控制、流量控制等功能，将不可靠的物理传输信道变成无差错的可靠的数据链路。卫星网络数据链路层协议与计算机网络数据链路层协议具有较大的相似性和关联性，因此本章分析了计算机网络常用数据链路层协议（Ethernet、HDLC、PPP、FR 和 ATM）的帧结构、协议流程及其应用场景，同时给出了几种不同体制卫星网络数据链路层协议的帧结构，及其对上层协议的封面设计。

一、以太网数据链路层协议

以太网（Ethernet）协议是在 20 世纪 70 年代首先由 Xerox（施乐）公司开发的一种局域网规范，1982 年 IEEE 802 委员会以此为基础，发布了 IEEE 802.3 协议，成为现在以太网协议的通用标准。作为一种重要的局域网技术，因其具有价格低、可靠性高、可扩展性好等优点，在计算机网络中广泛应用。统计数字说明，目前全球 80% 以上的网络采用以太网技术。

1. 以太网帧结构

在 IEEE802.3 参考模型中，以太网数据链路层被分割为两个子层：逻辑链路控制（Logical Link Control，LLC）和媒体接入控制（Medium Access Control，MAC）。LLC子层负责向高层协议提供有连接的服务，MAC 子层负责数据封装和差错检测，并通过

LLC 子层才能向高层协议提供服务，因此早期的以太网 MAC 帧规定的载荷是 LLC 帧。随着 IP 协议成为网络层事实上的标准，且 IP 协议使用的服务都是无连接、无确认的，LLC 协议的服务处理成了一种负担，因此这种格式已不再使用。现在普遍使用的以太网链路帧（MAC 帧）是直接封装 IP 包/ARP 包。以太网链路帧包含的字段有前导码字段、目的地址字段、源地址字段、类型字段、数据字段以及校验和字段。

前导码字段占用 8B，前七个字节比特模式为 10101010，第八个字节比特模式为 10101011，用于链路时钟同步。地址字段包括目的地址字段和源地址字段，各占用 6B，用于标识接收站和发送站的地址，它可以是单站地址，也可以是组地址或广播地址。类型字段占用 2B，用以标识使用以太网帧的上层协议类型，如 0×0800 代表以太网帧内包含一个 IPv4 数据包。数据字段用来承载上层协议数据，其最小长度为 46B，最大长度为 1500B。校验和字段占用 4B，用来确定接收到的帧是否正确。它只提供检测功能，若检测到一个错误，则会丢弃帧。

2. 以太网链路层接入控制方法

早期的以太网中，各站点在物理上通过总线拓扑或星形拓扑连接在一起，其逻辑拓扑结构是总线型的。全部站点共享以太网信道，并且一次只能由一个站点使用这个信道。若两个站点同时使用该信道，它们发送的帧就会发生碰撞。IEEE 802.3 标准定义了带碰撞检测的载波侦听多点接入（Carrier Sense Multiple Access with Collision Detection，CSMA/CA）作为以太网的接入方法。一个站点在发送数据帧前，首先要对信道进行侦听，若发现信道空闲，则发送数据帧并且继续侦听信道；发送数据帧过程中，若检测到两个站点信号发生碰撞，致使两个帧都发生损坏，则停止发送该数据帧，并回退一定的时间后再次发送该数据帧。随着交换式以太网技术的出现，各站点在逻辑上的拓扑结构变成了星型连接，同时各站信道接入方法变为全双工模式，CSMA/CA 也就丧失了其用武之地。

3. 以太网技术在局域网及城域网中的应用

以太网技术以技术简单、价格便宜、易于管理、可靠性高等特点而广泛应用。局域网常用快速以太网和千兆以太网两种技术，部分局域网的核心层应用万兆以太网。同时，随着光纤技术和路由交换技术的发展，以太网技术在城域网中也得到了越来越广泛的应用。局域以太网采用交换机给用户提供百兆（100Mbit/s），甚至千兆（1Gbit/s）专线连接到桌面，城域以太网采用光纤作为传输介质，覆盖范围可达 40km，传输速率高达万兆（10Gbit/s）。

二、HDLC 数据链路层协议及其扩展

高级数据链路控制（High-level Data Link Control，HDLC）协议是一种面向比特的同步数据链路层协议，由国际标准化组织根据 IBM 公司的同步数据链路控制（Synchronous Data Link Control，SDLC）协议扩展开发而成。HDLC 协议既可以工作在点到点链路方式下，也可工作在点到多点链路方式下；同时 HDLC 协议既适用于半双工链路，也适用于全双工链路。HDLC 协议的子集被广泛用于 X.25 网络、帧中继网络。另一个重要的数据链路层协议——点对点协议（Point-to-Point Protocol，PPP）设计时也参考和使用了 HDLC 协议。

1.HDLC 数据链路层协议

（1）HDLC 帧结构

标志字段是一个独特 8b 序列，用以标志一帧的开始或结束，也可以作为帧与帧之间的填充，采用"0"位插入法实现用户数据的透明传输。地址字段通常用来表示点到多点链路上命令帧或响应帧的地址（命令帧中地址字段为对方地址，响应帧中地址字段为本方地址），而点对点链路中不需要地址字段。控制字段用于构成各种命令和响应，以便对链路进行监视和控制。控制字段第一、二位表示帧类型，即信息帧、监控帧（用于控制数据流）和无编号帧（用于控制链路，不包含帧序号）。信息字段用于传输用户数据，长度未做限定，主要由通信结点的缓冲容量来确定。帧校验（也称帧校验序列 Frame Check Sequence，FCS）字段占用 2B，采用循环冗余校验（Cyclic Redundancy Check，CRC）方法，用来检查所接收到的信息是否在传输过程中产生了错误。

（2）HDLC 协议交互流程

HDLC 是一种面向连接的服务，包括链路建立、数据传输和链路拆除三个阶段，若在数据传输过程中出现无法经重发恢复的差错时，还需进行链路复位，并通知网络结点的高层协议。HDLC 协议定义了两种链路结构类型：非平衡链路结构和平衡链路结构。非平衡链路结构由一个主站和若干从站组成，主站具有链路建立和管理的主控权，从站根据主站的指令建立或拆除连接；平衡链路结构由两个地位平等的站点组成，每个站都可以发送命令帧和响应帧，是计算机网络中常用的链路结构类型。

对于平衡性链路，发送端通过发送无编号帧设置异步平衡模式（Set Asynchronous Balanced Mode，SABM）启动建立链路，接收端则发送无编号帧确认，至此发送端与接收端之间链路建立完毕。发送端发送信息帧后，要求接收端在一定时间内发送应答帧。接收端收到该信息帧后，取帧校验字段进行循环码校验，若不正确则抛弃；若正确则检查帧序号是否正确，只有当帧校验字段与帧序号都正确时，接收端才发出确认

应答，否则发出拒绝应答并请求重发。在完成信息传输或信息传输阶段出现错误时，均可拆除数据链路。

2.PPP 数据链路层协议

PPP 协议是 HDLC 的一种扩展数据链路层协议，在远程接入 Internet 中得到了广泛应用。PPP 是面向字节的串行链路通信协议，支持 IP 地址的动态分配和管理，同步或异步物理层的传输、网络协议的复用、链路的配置、质量检测和纠错等功能，同时还支持多种配置参数选项的协商。

（1）PPP 链路层组帧与 HDLC 的区别

PPP 链路层组帧方式参照了 HDLC 结构，并在其基础上增加了两个字节的协议字段，以使接收端能够准确区分 PPP 数据帧承载的数据协议类型。

标志字段与 HDLC 相同，为 0x7E，是帧的定界符，用以识别单个的 PPP 帧。地址字段为固定值 0xFF，表示所有站点均可以接收该帧。控制字段为固定值 0x03，表示 PPP 为无编号帧，即 PPP 没有使用序号和确认来保证传输的可靠性。协议字段用于指示信息字段所封装的数据协议类型，例如，协议字段值为 0x0021 表示信息字段封装了 IPv4 协议，0xC021 表示信息字段封装了链路控制协议（Link Control Protocol，LCP）。信息字段为网络层的协议数据包，默认最大长度为 1500 字节。校验字段默认使用 16 比特的循环冗余校验（CRC）算法计算校验和，保证数据帧的正确性，若发生错误会简单丢弃。

PPP 采用字节填充定界法来进行组帧，当信息字段中出现和标志字段一样的字节序列（0x7E）时，使用控制转移字节（0x7D）进行填充。为了实现透明传输，发送方在对帧进行 CRC 校验计算之后，要检查在标志字段之间的整个帧，将出现的每一个标志字节 0x7E 转变成 2B 序列（0x7D，0x5E），将出现的每个控制转移字节（0x7D）转变成 2B 序列（0x7D，0x5D），在接收方则要运行相反的操作。

（2）PPP 的典型应用场景

随着上网用户的增加，众多普通用户使用静态 IP 方式实现远程接入，这对运营商而言是很难接受的，尤其是在公网 IP 地址紧缺的情况下，所以，具有拨号动态分配 IP 地址的 PPP 接入协议成为实现远程用户访问 Internet 比较好的技术途径。

客户端的路由器经网络接入适配器（Modem）与入户光纤相连，位于光纤另一端的是 Internet 服务提供商（Internet Service Provider，ISP）接入服务器。ISP 接入服务器是 PPP 拨号接入 Internet 的关键组件，负责完成异构网络信息之间的转换、不同网络之间的速率适配以及 IP 业务中继等功能。远程认证接入用户服务（Remote Authentication Dial In User Service，RADIUS）完成对 PPP 拨号用户的身份认证、授权及计费功能，并分配 IP 地址。DNS 服务器主要完成域名地址与 IP 地址之间的变换，而 www 服务器则主要提供信息查询服务。客户端路由器及其对等的 ISP 接入服务器均加载 PPP 协议，用 PPP 建立数据链路层的连接。客户端路由器从 RADIUS 服务地址池中动态地获得 IP 地址，成为 Internet 上的一台临时主机，上网终端可以通过该路由器和其他任何 Internet 主机通信。

3.X.25 数据链路层协议

X.25 数据链路层协议由 HDLC 协议演进而来。国际电报电话咨询委员会（International Telephone and Telegraph Consultative Committee，CCITT）为分组数据网中数据终端设备（Data Terminal Equipment，DTE）和数据通信设备（Data Communication Equipment，DCE）之间的网络接口制定标准时，采纳并修改了国际标准化组织的 HDLC 协议，命名为链路访问规程（Link Access Procedure，LAP）。后来又做了进一步修改，并命名为平衡型链路访问规程（Link Access Procedure Balanced，LAPB）。LAP 和 LAPB 实质上都是 HDLC 协议的子集，LAPB 是 X.25 使用的数据链路层协议。

（1）X.25 链路层帧结构

X.25 借鉴 HDLC 的数据封装格式，将分组封装成帧。与 HDLC 帧结构的不同之处主要在于信息字段，该字段按照 X.25 的分组格式来标识，分为分组头和用户数据。

其中，分组头用于网络控制，主要包括通用格式标识、逻辑信道标识和分组类型标识。通用格式标识用于表示分组头其余部分的格式，占用第一个字节的高四位，其中第一位用于区分数据分组类型（用户数据或控制信息），第二位表示确认类型（本地确认或端到端确认），第三、四位表示分组序号的格式（模 8 或模 128）。逻辑信道标识包括逻辑信道组号和逻辑信道号两部分，用于标识逻辑信道（虚电路），共占用 12B。逻辑信道标识在 DTE/DCE 接口上只具有本地意义，即本地和远程的 DTE/DCE 分别各自独立地选择逻辑信道来传送分组。分组类型标识用于区别分组的类型（数据分组、控制分组），占用 1B。

（2）X.25 数据交换流程

分组交换方式有虚电路和数据报两种，在 X.25 分组交换网中以虚电路方法为主。在虚电路方式中，一次数据交换要经历建立虚电路、数据传输和拆除虚电路三个阶段。虚电路一旦建立，不管有无数据传输，都要保持到被拆除或因故障中断为止。若因故障中断，需要重新建立虚电路，以继续进行未完成的数据传输。

在数据报方式中，每个数据分组都作为独立的报文进行传输。每次传输，交换机都要根据分组中所包含的目的地址信息为其选择路由。这样，同一个用户发送的分组不一定沿着同一条路径到达目的端点，目的端点必须根据分组序列号进行数据分组的排序，组装成一个完整的报文。

4.帧中继数据链路层协议

帧中继（Frame Relay，FR）技术是在 X.25 分组交换技术基础上发展起来的一种快速分组交换技术，被广泛应用于连接局域网的广域网中。在通信线路质量不断提高，用户终端智能化也不断提高的基础上，帧中继技术省去了 X.25 数据链路层的差错控制和流量控制功能，目的是在数据链路层采用简化的方法转发和交换数据分组。帧中继也采用虚电路技术，用地址字段实现帧多路复用和解复用，从而充分利用网络资源。

（1）帧中继帧结构

帧中继的帧结构与 HDLC 类似，但无控制字段，也不提供差错处理和流控的相应字段。

标志字段与 HDLC 相同，通过比特填充定界法来进行组帧，采用"0 位插入法"来解决信息字段中出现标志字段引起的混淆。地址字段主要用来区分同一通路上的多个数据链路连接，以实现帧的复用 / 分路。地址字段一般占用 2B，可扩展至 4B，包含了数据链路标识（Data Link Connection Identifier，DLCI）、前向拥塞指示（Forward Explicit Congestion Notification，FECN）、后向拥塞指示（Backward Explicit Congestion Notification，BECN）、优先级丢弃（Discard Eligibility，DE）和地址扩展（Extend Address，EA）等字段。DLCI 唯一标识一条虚连接，帧中继交换机根据 DLCI 值识别该帧的去向。拥塞控制指示比特（FECN、BECN、DE）用于通知终端用户链路出现拥塞以及丢弃时的优先级。地址扩展比特（EA）用来说明当前字节是不是地址字段的最后一个字节。

（2）帧中继协议在局域网互联中的应用

利用帧中继协议进行局域网互联是最典型的一种运用。在已建成的帧中继网络中，进行局域网互联的用户数量占 90% 以上。帧中继网络在业务量少的情况下，通过带宽的动态分配技术，允许某些用户利用其他用户的空闲带宽来传送突发数据，实现带宽资源共享，降低了通信费用；在业务量大甚至发生拥塞时，网络将按照用户信息的优先级及公平性原则，把某些超过承诺信息速率（Committed Information Rate，CIR）的帧丢弃，并尽量保证未超过 CIR 的帧可靠地传输。

通过帧中继进行局域网互联时，用户端路由器负责生成帧中继的帧格式，帧内置 DLCI 值，接入帧中继网络。当数据帧进入帧中继网络后，交换机根据 DLCI 在转发表中找到对应的输出端口和 DLCI，将数据帧准确地送往下一结点，直至远端的用户。

三、ATM 数据链路层协议

ATM 技术继承了 X.25 分组交换技术和帧中继的优点，动态复用链路带宽，链路利用率高；通信协议简单，交换机对接收帧只检错，不纠错，减短了用户信息的端到端传送时延，并将数据帧传送的时延抖动控制在一定范围内，以保证对时延和时延抖动敏感的话音和视频信息的传送。

ATM 数据链路层协议可分为 ATM 适配层和 ATM 层。与以太网、HDLC 等数据链路层协议将上层协议数据直接封装到数据链路帧的净荷中不同，ATM 适配层将上层协议数据填充为 48B 的整数倍，再将其分割为若干个 48B 的 ATM 信元净荷。ATM 层主要功能是 ATM 信元成帧信元定界产生和验证头部差错控制、物理传输帧的适配等。ATM 终端结点和中间交换结点都需要 ATM 层，而 ATM 适配层只需要在终端结点中得到实现。

1.ATM 链路层帧结构

由 5B 的 ATM 信元头和 48B 的净荷组成 53B 的定长信元。其中 ATM 信元头包括基本流量控制（General Fluid Control，GFC）、虚通道标识（Virtual Path Idenifier，VPI）、虚通路标识（Virtual Channel Idenifier，VCI）、净荷类型（Payload Type，PT）、信元丢失优先级（Cell Lass Priority，CLP）和信头差错控制（Head Error Control，HEC）字段。

与 HDLC 协议采用搜索特殊的帧同步字节实现帧定界不同，ATM 信元定界是通过对 HEC 的计算来获得的，接收方通过对 HEC 字段（包含 CRC 编码）的检查来判断 ATM 信元头前四个字节的正确性，若信元头符合 CRC 编码规则，则说明接收到一个合法的 ATM 信头。基本流量控制 GFC 用于控制进入 ATM 网络的业务流。VPI/VCI 唯一标识一条虚连接，ATM 交换机通过 VPI/VCI 值识别该信元的去向。净荷类型 PT 用于说明 ATM 信元净荷承载的信息内容类型（控制、管理或用户信息）。优先级指示 CLP 用于指示网络拥塞时，信元是否可以丢失（0 表示不能丢弃；1 表示可以丢弃）。

2.ATM 链路建立流程

ATM 支持永久虚电路和交换式虚电路两种分组交换方式。永久虚电路可以长期存在且随意使用，而交换式虚电路则需要在每次使用时建立连接。ATM 交换虚电路的工作流程可分为连接建立、数据传输和连接拆除过程。源主机在一条特殊的虚电路上发送一条 SETUP（建立连接）消息，与目的主机建立连接；目的端主机若接受呼叫请求，以 CONNECT（连接）消息响应。连接拆除跟连接建立的过程相类似，首先欲挂断的主机发送一条 RELEASE（释放）消息，此消息经各个结点传到连接的另一端，并且在传送过程中，每个结点都需要确认释放消息，最终释放虚电路。

3.ATM 协议典型应用

20 世纪 90 年代，Internet 在全球范围内呈爆炸性增长，用户数急剧增和对带宽带要求较高的 Web 应用普及，导致网上信息流量持续增加。传统路由器网络扩充到一定规模后，其经济性和效率却下跌。为建立更大规模的网络，许多 Internet 服务提供者进行积极的探索和实践。通过在路由器之间引入交换设备，可以减少过多的路由器跳数所产生的花费，降低网络的复杂性并提高性能。帧中继和 ATM 被认为是可以大大提高路由器网络性能的两种交换技术，特别是 ATM，许多用户利用 ATM 构造宽带 Internet 骨干网，从而解决网络带宽的问题，也为提供高质量的 IP 服务奠定基础。

1995 年，美国国家科学基金会委托 MCI 等公司建成了横跨美国的 Internet 骨干网。该网采用 ATM 交换机作为网络骨干，各结点以光纤相连。该网通过路由器与美国五个超级计算中心、四个大型的 Internet 网络接入点以及一些科研机构相连，不仅解决了 Internet 骨干网带宽问题，也切实提高了 IP 业务的服务质量。

第二节　卫星网络数据链路层协议

一、FDMA/DAMA 卫星网络数据链路层协议

HDLC 数据链路层协在议定义之初，并没有限制其应用场景，因此在卫星网络中直接应用是一种选择。卫星通信体制有多种，其中 FDMA/DAMA 卫星网络是应用 HDLC 协议的典型系统。FDMA/DAMA 卫星网络有一套较完备的信令系统，信令由卫星终端产生，在控制信道上传输，实现卫星终端和网控中心之间管控信息的交互，可使用 HDLC 协议，仅对相关字段进行相应的信令类型定义即可。FDMA/DAMA 卫星网络信道建立后，需要根据所连接的不同的业务终端（如电话机、传真机、计算机或计算机网络），分时传输不同的业务（多业务复接同传，是一种特殊应用模式），通常也直接采用 HDLC 帧结构进行相关业务承载。

1. 卫星 HDLC 链路帧结构

包括控制信道 HDLC 帧结构和业务信道 HDLC 帧结构两类。与标准的 HDLC 帧结构相比，控制信道 HDLC 帧结构保留原有的标志字段、校验字段，对地址字段、控制字段、信息字段进行重新定义。地址字段用来标识地球站信道设备编号。控制字段用来标识数据帧发送序号。地球站将网控信令（网控信令由信令类型和信令信息组成，信令类型包括入网申请、业务申请、入网应答、信道配置等，信令信息的长度由信令类型决定）封装在信息字段进行传输。业务信道 HDLC 帧结构保留了原有的标志字段、

信息字段和校验字段，省略了地址字段和控制字段，地球站将业务数据（以太网数据，串行比特流、同/异步数据）封装在信息字段进行传输。

2. 业务链路建立流程

FDMA/DAMA 卫星网络远端站至少配置一路网控信道设备，可配置多路业务信道设备。远端站在建立业务链路时，使用相关地球站哪一路业务信道设备、信道设备配置的发射/接收频点以及通信速率/带宽都是由网控中心指定的，即业务信道以FDMA 方式占用卫星资源。远端站检测到有业务数据需要传输后，提取业务类型、通信对端地球站标识、业务速率等信息，通知网络控制代理模块进行业务链路申请。网络控制代理模块将业务链路申请信息封装为 HDLC 帧，通过网控信道，以 ALOHA 方式发送到中心站的网络控制中心。网络控制中心查找相关业务站是否有可用的业务信道设备，并匹配可用的卫星资源，若匹配成功则为该业务分配卫星资源和业务信道设备等。网络控制中心在匹配资源的过程中，根据不同的业务需求分配不同带宽资源，实现带宽动态按需分配。网络控制中心将分配结果和业务信道设备参数发送给业务相关站。远端站收到业务链路建立信息后，设置相应的业务信道设备，至此完成业务链路的建立。当远端站检测到业务结束后，通知网络控制代理模块发送业务链路拆除请求。网络控制中心收到该消息后，将卫星资源和业务信道资源回收，用于以后其他业务的信道资源分配，并通知远端站释放业务链路。

二、MF-TDMA 卫星网络数据链路层协议

在 MF-TDMA 卫星网络中，为了保证其特有的链路建立过程（如初始捕获、突发同步等）以及较高的系统运行效率，卫星数据链路层协议通常采用自定义卫星链路帧结构。卫星链路帧头主要是用来完成卫星链路层的帧定界、链路管理等功能，卫星链路帧净荷则直接封装计算机网络的链路层数据帧（如以太网、帧中继）完成数据帧的MAC 寻址及交换功能。

1. 帧结构

MF-TDMA 卫星网络链路帧通常采用超帧的分层结构，一个超帧由若干个帧组成，每个帧又由若干突发组成。MF-TDMA 卫星突发可分为参考突发和数据突发两类，参考突发用于为各站提供实时基准和发送控制信息；数据突发是各业务站在指定的时隙内发射的业务信息。MF-TDMA 卫星突发由突发帧头和突发净荷组成，其中突发帧头包含前导码、独特字、发送站地址和校验字段，用来完成链路层的帧定界、链路管理等功能。突发净荷由若干业务信息组成，根据承载计算机网络链路层数据帧的类型，业务信息结构可以有所不同。如承载以太网帧时，业务信息由接收站地址、数据长度、以太网数据帧和校验字段组成；承载帧中继帧时，业务信息直接封装帧中继数据帧。

2.承载以太网数据帧

MF-TDMA 卫星网络具有点到多点传输、组网灵活等特点,能够较好地适应以 IP 为平台的业务需求。国内外比较先进的 MF-TDMA 卫星网络均提供对地面 IP 网络的局域网(LAN)接入功能,从而实现地面 IP 网络的远程互连。

MF-TDMA 卫星网络提供对地面 IP 网络 LAN 接入有两种方式:一是桥接方式,二是路由方式。在桥接方式中,MF-TDMA 卫星终端内嵌网桥功能,承担网桥的角色,网内各站点的 MF-TDMA 卫星终端在同一网段,通过 MAC 寻址实现互联;在路由方式中,MF-TDMA 卫星终端内嵌 IP 路由器功能,承担路由器的角色,运行相应的路由协议,为网络中的 IP 数据包提供寻路功能。

MF-TDMA 发送终端可将发往同一接收站的若干以太网短帧来组成一个长帧,也可将以太网长帧拆分封装在不同的业务突发中,以适应 MF-TDMA 业务突发的固定长度。MF-TDMA 接收终端根据发送站和接收站标识,恢复出原始的以太网数据帧。MF-TDMA 卫星网络实现地面 IP 网络的远程互连,还须解决以太网数据帧在卫星网中的寻址问题。下面简要介绍一种以太网数据帧在 MF-TDMA 卫星网中寻址技术。

MF-TDMA 卫星网络地球站将从不同端口(LAN 口、卫星信道)接收到的以太网数据帧进行分析,动态维护 MF-TDMA 卫星网络内所有 IP 业务终端的 MAC 地址与其所在站号的映射表。地球站根据映射表确定以太网数据帧在卫星网络中的路由,实现局域网通过卫星信道连接。

以太网数据帧在卫星网中寻址的具体流程如下:MF-TDMA 卫星网络地球站根据从 LAN 口接收到的以太网数据帧的 MAC 地址查询地址映射表确定该数据帧的目的站。若目的站为本站,则将此数据丢弃不予处理,否则根据该数据帧的目的站号申请发送时隙,并使用该地球站申请得到的发送时隙将以太网数据帧发送给目的站。对于组播、广播以太网数据帧,系统采用广播的形式发送给卫星网内的各站或复制多份分别发送给卫星网内的各站。

3.承载帧中继数据帧

将帧中继技术和卫星通信技术结合,可以组成集数据、话音、传真和图像传输于一体的帧中继卫星网络,是 20 世纪 90 年代后期出现的新一代综合业务 VSAT 通信系统。帧中继卫星网络具有节省卫星资源、组网灵活、网络易扩展等优点,在多点话音、数据传输、LAN 互连、Internet 接入等方面得到了广泛的应用。

构成帧中继卫星网络的方案有两种:一种是 FDMA 卫星网络,另一种是 MF-TDMA 帧中继卫星网络。MF-TDMA 卫星网络具有动态时隙分配,全网状连接等优点,将其与帧中继技术结合可以充分发挥两者的优点。因此,在设计话音、视频、数据等综合业务传输的 MF-TDMA 卫星网络时,采用帧中继接入的方式有着独特的优势。帧中继技术可通过 2~5B 的开销，使其带宽利用率能接近于 100%，比一般的交换技术（X.25 或 IP）性能都要优越。

与以太网数据帧在 MF-TDMA 卫星网中寻址方式不同，帧中继数据帧在 MF-TDMA 卫星网络，通过永久虚电路完成信息包的端到端传送，用数据链路控制标识（DLCI）表示永久虚电路的路由并指定目的地址。永久虚电路在源站配置时，需要将远端站号、远端站的端口号、该永久虚电路的远端 DLCI 值映射到本地的 DLCI 值上。

帧中继访问设备（Frame Relay Access Device，FRAD）用于复接话音、视频、LAN 数据等业务，网络中的卫星终端包括卫星调制解调器和标准帧中继接口。

三、卫星 ATM 网络数据链路层协议

根据是否采用星上交换，可将卫星 ATM 网络大致分为两类：一类是采用"弯管"转发方式的卫星，这是一种透明的 ATM 卫星网络，星上对 ATM 协议不进行任何处理，所有交换及协议处理在地面的用户关口站和网络控制站完成；另一类是采用具有星上处理功能的卫星，在该网络中，信息交换由星上 ATM 交换机完成，控制功能则由星上 ATM 交换机和地面控制网络共同完成。

在基于星上交换的卫星网络中应用 ATM 技术，需要解决一系列是问题。在地面站终端，卫星 ATM 信元格式设计、信元的保护和差错控制，多址接入方式、信道编码方案、带宽资源的统计复用、系统同步问题、呼叫准入控制和流量控制等方面均需要关注；在星上载荷，星上 ATM 交换结构设计、星上缓存管理、星上调度和星上拥塞控制等方面均需要关注。本节重点关注 ATM 数据链路层协议在卫星网络中的适应性设计问题，包括卫星 ATM 信元设计、卫星 ATM 信元交换流程等。

1. 卫星 ATM 信元设计

标准 ATM 信元结构是基于误码率相当低的光纤信道而设计的，在高误码率的无线信道环境下，会导致较高的信元丢失率。针对无线信道的特点，有几种不同结构的无线 ATM 信元被设计采用，其中欧标 Eurocom2000 信元和 Thomson RITA2000 信元就是常用的两种无线 ATM 信元。相对于标准信元，这两种无线 ATM 信元结构增强了对信元头或整个信元的纠错能力，但同时也降低了传输效率。卫星信道属于无线信道，但误码性能一般要好于地面无线信道，同时使用卫星信道进行传输，传输效率也是必须要考虑的问题。综合考虑卫星信道的误码特性和传输效率及标准 ATM 信元的兼容性，结合仿真分析和工程实践给出了一种卫星 ATM 信元及卫星链路帧结构。

该结构不包含 GFC 字段，使用时可纠正两个位错的校验码来提高信元头的纠错能力（HEC 长度为 1.5B）。VCI 长度缩短 0.5B，考虑到卫星 ATM 网络的规模相对有限，

通常情况下所支持的 VPI/VCI 数目是足够的。基于星上 ATM 交换的卫星系统中地球站 ATM 网关与星载 ATM 交换机之间属于点到点连接，卫星链路帧的分组头只包含同步字段，用于帧定界，不包含源 / 目的地址等信息。同时，卫星分组净荷由若干卫星 ATM 信元组成，以提高卫星信道的利用率。

2. 卫星 ATM 信元交换流程

基于星上处理的卫星 ATM 网络采用星地一体化的信元交换模式，由地球站 ATM 网关和星载 ATM 交换机共同构成一个完整的卫星 ATM 星地交换系统。其中，地球站 ATM 网关主要负责地面网业务的接入，星载 ATM 交换机根据卫星 ATM 信元头中的 VPI/VCI 标识进行判别并实现卫星 ATM 信元的转发。下面以地面网 IP 业务的接入为例，简要介绍卫星 ATM 信元交换的流程：

（1）地球站 ATM 网关本地维护一个 IP 地址与 VPI/VCI 标识的映射数据库，数据库包含了整个卫星 ATM 网络每个地球站 ATM 网关的 IP 地址，以及到达这些地球站 ATM 网关的 VPI/VCI 标识信息。

（2）地球站 ATM 网关在收到本地的 IP 数据后，根据 IP 数据包中的目的 IP 地址寻找相应的 VPI/VCI 标识。在 AAL5 适配层，将 IP 包封装为会聚子层协议数据单元，然后分割为多个 48B 的分段，并将这些分段分别装入不同卫星 ATM 信元的载荷区中。根据前面寻找到的 VPI/VCI 设置信元头的虚路径标识 VPI、虚通道标识 VCI、信元丢失优先权 CLP 和载荷类型标识 PTI 等参数，产生信元头的差错校验 HEC。最后，将若干个卫星 ATM 信元封装到卫星链路帧的净荷中。

（3）承载 ATM 信元的卫星链路帧通过卫星信道发送到星载 ATM 交换机中，星载 ATM 交换机根据 ATM 信元头中的 VCI/VPI 标识进行判别并实现卫星 ATM 信元的转发。地球站 ATM 网关从星载 ATM 交换机接收 IP 数据时按反过程操作。

四、DVB-RCS 卫星网络数据链路层协议

DVB-RCS 是基于卫星双向信息传输的需求制定的交互式无线传输技术标准，是具有信息回传能力的双向宽带连接，提供多种业务的传输支持。DVB-RCS 是 DVB-S/S2 的扩展，该标准定义了包括物理层和数据链路层在内的底层协议，以及管理和控制在内的网络功能。其中在数据链路层使用 MPE/ULE/MPEG-2 TS 帧对 IP 数据包进行定长封装传输，使用 GSE 帧对 IP 数据包进行不定长封装传输。目前，在 DVB-RCS 系统中 IP 数据的传输以 MPE/ULE MPEG-2 TS 为主，但 GSE 封装的效率更高，扩展性和灵活性都更好，可作为下一代 DVB-RCS 标准中 IP 数据封装协议的选择。

五、CCSDS AOS 数据链路层协议

空间数据系统咨询委员会（Consultative Committee for Space Data Systems，CCSDS）建议定义了四类数据链路协议：遥测（telemetry，TM）、遥控（Telecommand，TC）、高级在轨系统（Advanced Orbiting System，AOS）和邻近空间（Proximity-1）数据链路协议。遥测链路协议通常用于从航天器发送遥测信息到地面站；遥控链路协议通常用于从地面站发送指令到航天器；高级在轨系统链路协议用于高速的上下行通信链路，同时双向传输 IP 数据、话音、视频、实验数据等不同信息；邻近空间链路协议主要应用于近距离航天器之间以信息传输为主的通信。

1.AOS 封装

2012 年 9 月，CCSDS 发布了"IP OVER CCSDS SPACE LINK"蓝皮书 CCSDS 702.1-B 建议标准，提出利用 AOS 链路层协议的封装服务，将 IP 数据包放入 CCSDS 封装包中进行传输。IP 数据包首先添加一个 IPE(IP Extend，网络协议扩展）首部，用以标识 IP 协议子集；其次添加了 CCSDS 封装包首部，用以标识封装的网络协议类型和包长度等信息；最后利用 AOS 数据链路协议进行传输。当 IP 数据包长度大于 AOS 链路帧时，需要对 IP 数据包进行拆分分别放到 2 个及以上 AO5 链路帧中。为了充分利用有限的信道资源，当 AOS 链路帧中已有 IP 数据包 #2 且还有足够空间时，可以再放入 IP 数据包。

（1）IPE 封装

CCSDS 网络协议扩展（IPE）是当上层使用 IP 协议时，为网络层和数据链路层提供一个可互操作的方法来识别被 CCSDS 封装的业务为 IP 数据包。IPE 使用一个或多个字节对 CCSDS 封装包首部进行逻辑扩展，可以有效地扩展了 IP 协议类型（如 IPv4、IPv6、头压缩 IPv4，头压缩 IPv6 等），其中"0x33"表示 IPv4 协议。

（2）CCSDS 封装

由于在空间数据链路协议中传输的数据单元需要有 CCSDS 授权的包版本号，而封装服务就是提供一种机制使得没有授权包版本号的数据单元能够在空间链路中传输的手段。CCSDS 封装包首部由版本号字段、协议标识字段、包长度字段、用户自定义字段、协议标识扩展字段、CCSDS 定义字段和包长字段组成。版本号字段为"111"；协议标识字段用于表示封装网络协议的类型，"010"表示封装 IP 协议数据，"110"表示使用协议标识扩展字段识别网络协议类型；包长长度字段用于表示包长字段的字节数；协议标识扩展字段用于扩展封装的网络协议类型；包长字段用于表示 CCSDS 封装包的长度。用户自定义字段和 CCSDS 定义字段在封装 IP 数据包时暂不使用。

2.AOS 链路帧结构

链路帧的长度可变（由同步和信道的编码方式确定），AOS 链路帧长度为 1115B，由 AOS 帧首部、数据字段、差错控制字段组成。

（1）AOS 帧首部

AOS 帧首部由主通道标识（含版本号和航天器标识）、虚通道标识、虚通道帧计数、信令字段（含重放标识帧计数循环使用标识、保留和帧计数循环）组成。AOS 链路帧版本号为"01"。航天器标识由 CCSDS 分配，用来识别使用该 AOS 链路帧的航天器。虚通道标识用来标识上层协议数据单元所使用的虚拟信道。虚通道帧计数为每条虚拟通道上的链路帧顺序编号。重放标识用于区分实时数据（置 0）或回放数据（置 1）。帧计数循环使用标识表示是否使用了帧计数循环字段。保留字段填充全零，帧计数循环字段当虚通道帧计数归零时加 1。

（2）数据字段

AOS 帧数据字段由复用协议数据单元（Multiplexing Protocol Data Unit，MPDU）首部和数据两部分组成。MPDU 首部的保留字段填充全零，第一包指针指向 MPDU 数据中第一个 CCSDS 包首部的位置。若 MPDU 数据字段中不存在一个完整包的起始部分，第一包指针置"1"。MPDU 数据字段的长度是固定的（1105B），包含 CCSDS 包。

（3）差错控制字段

使用差错控制字段保护整个 AOS 链路帧。

第四章 计算机网络及卫星网络路由技术

路由技术是通过在路由器上运行路由协议来实现的。路由协议发送和接收路由分组，获取网络中每个拓扑结构的变化，并根据这些变化来调整路由器的路由表，使得路由器在转发数据分组时选择最佳路径。卫星网络拓扑结构以及卫星链路频繁通断的特点，使得路由协议在卫星网络环境下的性能与计算机网络不尽相同。本章首先研究分析了计算机网络中常用的单播路由协议（RIP、OSPF、EICRP、IS-IS）和组播路由（PIM-DM、PIM-SM、PIM-SSM）的实现原理、报文格式以及适用场景，然后对其在卫星网络中的适应性进行分析与仿真验证，最后给出了几种典型卫星网络的路由解决方案。

第一节 常用路由协议原理

一、单播路由协议

1.RIP 协议

路由信息协议（Routing Information Protocol，RIP）是所有路由协议中使用时间最早的一种。RIP 协议在使用上非常简单，并且协议的开销较小，对路由器的处理和存储能力的要求不高。因此尽管该协议已经使用了非常长的时间，但是在今天的网络设备和 IP 网络中依然得到了广泛应用。

（1）RIP 协议工作原理

RIP 协议是一种基于距离矢量的路由选择协议。网络中每一个运行 RIP 协议的路由器需要维护到其他目的网络的距离记录（距离单位为跳数）。RIP 协议将"距离"定义为：从路由器到直连网络的距离为 0，从路由器到非直连网络的距离为每经过一个路由器则距离增加 1。

RIP 路由器在系统内存中维护着一个到达网络中所有目的网络的路由表，该路由表中包含了目的网络、下一跳和距离（跳数）等信息。路由器周期性地向其直连邻接路由器发送路由表，每一个接收者都增加路由表中的距离（跳数加 1），并向它的邻居转发。这种一跳一跳的扩散使网络中每个路由器都获取了整个网络的路由信息。当任何一个路由器发现网络拓扑发生变化的时候，立刻会向邻接路由器发送路由更新信息，通知邻接路由器网络拓扑的变化。

（2）协议报文格式

RIP 协议处于 UDP 的上层，RIP 所接收的路由信息全都封装在 UDP 的数据包中，RIP 协议在 520 号端口上接收来自邻接路由器的路由更新信息。展示了 RIP 协议报文格式。RIP 协议只有一种报文格式，其中首部为 4B，标识该 RIP 报文的操作类型（请求、应答）和版本号。数据部分包含着若干条 RIP 路由条目，每条 RIP 路由信息占用 20B，每个 RIP 报文最多可包含 25 条路由信息。

（3）适用场景

RIP 协议的应用十分广泛，目前几乎所有的 IP 路由器都支持 RIP 协议。它简单可靠，在各种系统中都能很容易地进行配置和故障排除。但相对其他路由协议，RIP 协议也有以下不足：

1）RIP 协议支持的最大跳数是 15 跳，即从源主机到目的主机的数据包最多可以被 15 个路由器转发，如果超过这个跳数，RIP 协议就会认为目的地不可达到。这使得该协议不能应用于大型的网络。

2）RIP 协议定期（每 30s）把整个路由表作为路由更新从各个端口广播出去，这种方式虽然占用的 CPU 和内存不多，但消耗的网络带宽很多。而且需要等待较长的时间（三个定时周期）才能了解网络路由的变化，因此网络收敛速度非常慢。

3）RIP 协议仅使用路由器跳数作为路由的开销，并作为最佳路径的选择依据，没有考虑网络时延、可靠性、网络负荷等因素对数据传输的影响。因此无法在具有冗余链路的大型网络中有效地运用。

综上所述，RIP 协议的最佳使用环境是网络规模较小拓扑结构较简单、不存在冗余链路和易用性要求较高的环境，如校园网和区域网。

2.OSPF 协议

开放最短路径优先（Open Shortest Path First，OSPF）协议是目前在大型网络中使用最多的一种路由协议。OSPF 协议是基于链路状态算法来选择路由的，解决了 RIP 等路由协议收敛慢、冗余链路和跳数限制等问题。所谓的"链路状态"就是说明本路由器都和哪些路由器相邻，以及该链路的"度量"。OSPF 协议将这个"度量"用来表示费用、距离、时延、带宽等。

（1）OSPF 协议工作原理

在路由区域中，OSPF 协议的关键任务是维护一个链路状态数据库，然后根据迪杰斯特拉（Dijkstra）算法，生成路由表。OSPF 协议在一个区域中的工作过程如下：邻居路由器的发现与保持、链路状态数据库的同步和路由选择的计算。

1）邻居路由器的发现与保持。OSPF 路由器通过 Hello 报文来发现和保持邻居，在默认的情况下，路由器会每隔 10s 周期性地向所有端口发送 Hello 报文，路由器根据是否接收到邻居的 Hello 报文来判断其邻居是否有效。如果在足够长的时间内（默认 40s）没有接收到其邻居的 Hello 报文，路由器就会认为该邻居出现故障，将停止通告与其相连的信息。

2）链路状态数据库的同步。当两个邻居路由器决定建立邻接关系时，则开始进行链路状态数据库的同步。首先，路由器向邻居发送其当前链路状态数据库的所有链路状态通告（Link State Acknowledgement，LSA）的首部。路由器在收到其邻居路由器数据库中的全部 LSA 首部后，发送链路状态请求报文来请求邻居发送给它所缺少的 LSA。邻居路由器在收到链路状态请求报文后向其发送链路状态更新分组。最后，路由器发送确认报文对邻居链路状态更新报文予以确认。

当路由器的局部状态发生变化或有新的路由器加入时，这些路由器将会产生新的 LSA，并且把这些新的 LSA 封装在链路状态更新报文中向所有的接口发送出去。当路由器的邻居收到该报文后，仔细检查每一个 LSA，如果所检查的 LSA 比自己链路状态数据库的 LSA 更新的话，那么就把该 LSA 安装到链路状态数据库中。同时把该 LSA 封装在链路状态更新报文中，向除接收该 LSA 接口外的其他所有接口发送出去。该过程一直持续下去，直到该区域中所有的路由器收到这一新的 LSA。

3）路由器选择的计算。经过链路状态数据库的同步操作之后，OSPF 区域中的每个路由器都具有一个完全相同的链路状态数据库。该链路状态数据库描述了路由器链路以及代价。把路由器看作图的顶点，它们之间的链路看作图的边，链路的代价看作图的边的权，可把链路状态数据库转换为图。然后，应用 Dijkstra 算法来计算从一点出发到其他所有点的最短路径，即可计算出路由表。

（2）协议报文格式

OSPF 协议报文直接承载在 IP 数据之上，其协议号为 89。OSPF 协议有五种分别用于不同目的的报文。

（3）适用场景

与 RIP 协议相比，OSPF 协议具有以下优点：

1）由于 OSPF 路由器之间交换的信息不是路由器，而是链路状态，因而不会产生计算上的环路；

2）OSPF 路由器不会周期性地发送路由信息，而是一旦网络发生变化，最先检测这一变化的路由器将此消息传至整个网络，网络负载较小；

3）OSPF 协议在选择最优路由的同时保持到达同一目的网络的多条路由，可以很好地平衡网络负载。

但是 OSPF 协议也存在着一些缺陷。OSPF 协议采用的最短路径优先（Shortest Path First，SPF）算法计算复杂并且计算频率也比较高，这样会消耗较多的 CPU 和内存资源。另外在规划、设计、建设和维护 OSPF 网络的时候，需要考虑和配置很多的参数，这些对相关人员的专业知识提出了更高的要求。

综上所述，OSPF 协议的最佳使用环境是网络规模大、拓扑结构复杂、存在冗余链路和性能要求较高的环境。

3.EIGRP 协议

增强型内部网关路由选择协议（Enhanced Interior Gateway Routing Protocol，EIGRP）是思科公司的专用路由协议，在思科路由器上用得十分普遍。EIGRP 协议使用的是扩散更新算法（Diffusing Update Algorithm，DUAL）类似于距离矢量算法，其核心逻辑是距离矢量，但它传输拓扑信息的目的是像链路状态一样描绘出网络的地图。EIGRP 保存拓扑表中所有邻居发来的路由，在当前路由消失时能够快速切换到替换路由。

（1）EIGRP 协议工作原理

EIGRP 协议的工作过程主要包括邻居发现与保持、路由信息交互、路由选择计算以及路由维护。

1）邻居发现与保持。EIGRP 路由器在所有接口上发送 Hello 报文，Hello 报文的发送周期为 5s。当路由器从它的邻居路由器收到一个 Hello 报文时，这个报文包含一个抑制时间，这个抑制时间会告诉本路由器在它收到后续的 Hello 报文之前等待的最长时间。如果抑制定时器超时了，路由器还没有收到 Hello 报文，那就将宣告这个邻居不可到达。EIGRP 协议具有 15s 以内检测邻居丢失的能力，对照 RIP 协议的 180s 所花费的时间，显然是一个对 EIGRP 的快速收敛起很大作用的因素。

2）路由信息交互。一旦建立了新的邻接，路由器会将它所有的路由相关信息与邻居进行交换。EIGRP 邻接的建立并不是一个双向过程，这点它不同于 OSPF 协议。在 EIGRP 中，当路由器从相邻路由器收到一个有效的 Hello 报文，它立即会建立一个邻接并将其加入到自己的邻居表中。不同于 OSPF 协议，这个过程使得 EIGRP 无法确定它的相邻路由器是否也将自己识别为它的邻居。当邻接为单向时，如果路由器向它的新邻居发送路由信息，邻居会忽略该更新直到它第一次接收到此路由器的 Hello 报文为止。

3）路由选择计算。EIGRP 路由选择过程比一般的距离矢量协议要复杂。它使用可行条件（Feasibility Condition，FC）来保证路由的无环，在最初 FC 设置为无穷大，并且 FC 在每次改变后，只能减少，不能增大，除非启动扩散计算。如果收到的新路由的距离比现有的可行距离（Feasibility Distance，FD）小，那么此条路由将被选为新的后继，FD 更新，FC 也跟着改变，拓扑表中其他路由将被判断是否满足新的 FC，满足的被配置为可行后继。如果收到的新路由的距离比当前 FD 大但满足 FC，则被配置为可行后继，如果不满足 FC，则只存储在拓扑表中。

4）路由维护。EIGRP 在失去它的后继或主路由时，会立即查看拓扑表以确定是否有可用的可行后继，试图重新收敛。如果有一个可用的可行后继，EIGRP 会立即将其提升为后继，并将这一变化通知它的相邻路由器，而这一可行后继就变成了 EIGRP 转发分组到目的地址的下一跳。EIGRP 进行本地收敛的过程称作本地计算，这一过程不涉及其他路由器。

如果主路由失效且没有可用的可行后继，该路由器就会进入扩散计算状态。在扩散计算状态中，路由器向其所有的相邻路由器发送查询分组，寻找丢失的路由，且该路由器将进入活动状态。如果相邻路由器有关于丢失路由的信息，它会回复进行查询的路由器。如果相邻路由器没有关于丢失路由的信息，它们就会向其所有相邻路由器发送查询。如果相邻路由器没有可替换的路由，也没有相邻的其他路由器，它会向请求路由器发送一个应答报文，并把度量设置为无穷大，表示没有可替换的路由器。查询路由器等待从相邻路由器收到所有应答，然后选择应答报文中包含的度量最低的相邻路由器作为发送分组的下一跳。

（2）协议报文格式

EIGRP 协议运行在 IP 上，协议号 88。EIGRP 协议有五种分别用于不同目的的报文。

（3）适用场景

EIGRP 协议是结合了距离矢量算法和链路状态算法优点的平衡混合型路由协议。EIGRP 协议采用 OSPF 协议的 Hello 机制，对邻居检测时间更短，比 RIP 协议要好。它的核心算法基本上是距离矢量算法，但度量更精确，拓扑存储量比 OSPF 协议要小，且不需做老化处理。EIGRP 的缺点是其属于思科私有协议，目前只有思科、华为迈普等路由器产品支持该协议。此外，在网络拓扑变化频繁时，EIGRP 协议所占带宽较大。因此，无论是在国内民用还是在军用通信网络，在使用过程中其都存在局限性。

4.IS-IS 协议

中间系统到中间系统（Intermediate System to Intermediate System，IS-IS）协议最初是国际标准化组织 ISO 为它的无连接网络协议（Connection Less Network Protocol，

CLNP）设计的一种路由协议。为了提供对 IP 的路由支持，互联网工作组在 RFC1195 中对 IS-IS 协议进行了扩充和修改，使它能够同时应用于 TCP/IP 和 OSI 环境中，称为集成 IS-IS 协议。IS-IS 协议是一种链路状态协议，使用 SPF 算法进行路由计算。

（1）IS-IS 协议工作原理

IS-IS 协议与 OSPF 协议的工作原理类似，主要包括邻接关系的建立和维护、链路状态的交互和维护、路由选择计算三个过程。

1）邻接关系的建立和维护。IS-IS 路由器通过交换 IS-IS Hello PDU 来发现邻居并形成邻接关系。Hello PDU 每隔 10s 传送一次，用来标识本身的性能以及接口参数等。IS-IS 协议在形成邻接关系方面没有 OSPF 协议严格，一个邻居通告的特性如果其他邻居不支持，并不会影响它们形成邻接关系，其中的特性可以被忽略，邻居之间甚至可以通告不同的 Hello 时间间隔。

2）链路状态的交互和维护。IS-IS 协议需要在路由器上维护链路状态数据库，以达到各个路由器对网络链路状态的一致描述。路由器周期性把自己或虚结点的邻接关系广播到所有链路，与其他路由器交互本地地址、邻接关系以及链路状态信息。当状态发生变化时，产生带有新的序列号的链路状态 PDU（Link State PDU，LSP）。其他路由器收到新序列的 ISP 后，将 LSP 存储到链路状态数据库中，并对 LSP 进行转发，扩散到其他路由器。

IS-IS 协议使用序列 PDU 来确认收到报文和维护链路状态同步。序列 PDU 分为两种：部分时序 PDU（Partial Sequence Number PDU，PSNP）和全时序 PDU（Complete Sequence Number PDU，CSNP）。点到点网络中使用 PSNP 进行 LSP 确认和 LSP 同步。在广播网络中，路由器使用 CSNP 来发布所有 LSP 的摘要信息。相邻 IS-IS 路由器收到摘要信息后判断 ISP 的时效性，如果收到的 CSNP 中包含了新的 LSP，则会发送 PSNP 请求自己需要的 LSP，收到新的 LSP 后存入链路状态数据库，从而达到与链路状态数据库的一致。

3）路由选择计算。IS-IS 协议和 OSPF 协议在路由计算方面略有不同。IS-IS 协议在区域内执行 L1 层 SPF 算法计算路由，在区域间执行 L2 层 SPF 算法计算路由；OSPF 协议在区域内执行 SPF 算法计算路由，在区域间采用距离矢量算法来计算路由。IS-IS 路由器分别执行 SPF，只计算下一跳，而不是到达目的的整个路径。为了保证在路由域中每一路由器都能计算出正确的路由，必须保证链路状态数据库的一致，并要求各路由器在相同的链路状态和度量时，产生相同的路由。

（2）协议报文格式

IS-IS 协议直接运行于数据链路层之上，协议类型为 0XEFE。

（3）适用场景

IS-IS 协议与 OSPF 协议都属于链路状态路由选择协议，均采用 SPF 算法来构建路由表，实现机理有相同之处。OSPF 与 IP 结合密切，已为 IP 业所熟知，被广泛应用于各种企业网络。但在大的网络环境中，集成 IS-IS 协议的性能优于 OSPF 协议，而且实现较为简单，已被大多数 ISP 网络应用于骨干路由协议。

二、组播路由协议

1.PIM-DM 协议

协议无关组播密集模式（Protocol Independent Multicast Dense Mode，PIM-DM）协议总是假定网络上有组播接收者，即不管网络上是否有组播成员需要此数据，先把数据扩散到整个网络上，建立起一棵组播转发树，也称最短路径树（Shortest Path Tree，SPT）。如果网络上某些子网的分支上确实没有组播成员需要此数据，再采取相应的措施通知上游数据发送者，将此分支从扩散地组播转发树上剪枝掉。被剪枝掉的分支在一定的时间间隔后被重新嫁接回去，以减少被剪枝分支中组播成员的加入时延。

（1）PIM-DM 协议工作原理

由密集模式的特点可知 PIM-DM 协议主要适用于发送者与接收者距离较近的网络环境，该网络环境发送者较少而接收者比较密集，组播数据较密集且持续。PIM-DM 协议主要运行机制包括扩散与剪枝，以及剪枝后的嫁接，下面我们简要说明这些机制的基本原理。

1）扩散与剪枝。最初由组播源 S 开始发送组播数据，然后由路由器 RA 向域内所有结点开始扩散。RA 向其下游路由器 RB、RC 和 RD 发送数据，各个路由器依次把从上游路由器收到的组播数据扩散到其下游路由器，最后形成了一棵域内的组播转发树。

由于最初扩散形成的组播转发树中某些分支中没有接收者，因此需要进行剪枝：路由器 RE 所连接的 PC 所在的子网中没有接收者，因此路由器 RE 会向上游路由器 RD 发送剪枝消息，路由器 RD 收到 RE 的剪枝消息后，把连接 RE 的接口从组播转发树中剪掉。同样，路由器 RA 也进行相应的剪枝，最后形成了包含源和接收者的组播转发树。

密集模式的剪枝状态都有一个时限，当剪枝状态超时后，路由器会使接口回到转发状态以便能够转发扩散来的组播数据,周期性的扩散和剪枝是 PIM-DM 协议的主要特征。

2）嫁接。在扩散和剪枝后，如果有新的接收者想要加入组播组，则它会通知所在子网的路由器，路由器一旦得知组播成员的存在，立即会向其上游路由器发送嫁接消息。当上游路由器收到这个嫁接消息后便把收到嫁接消息的相应接口设置成转发状态以便组播信息流向下游路由器，最终到达接收者。

如果不使用嫁接机制，那么通过 PIM-DM 协议的扩散也会使得后来的加入者收到组播消息，但这会使得接收者必须等待一定的时间，采用嫁接就是为了缩短接收者加入组播组的时间。

（2）适用场景

PIM-DM 协议主要是用于组播成员分布密集、网络带宽较大的网络环境。PIM-DM 协议根据最短路径树进行组播数据的转发，在最短路径树的生成和维护中要用到扩散、剪枝和嫁接等过程。

2.PIM-SM 协议

协议：无关组播稀疏模式（Protocol Independent Multicast Sparse Mode，PIM-SM）协议总是假定网络中没有组播信息接收者，默认不向网络中转发组播数据包，直到收到加入组播的申请。PIM-SM 协议采用共享树（Rendezvous Point Tree，RPT）进行组播数据转发，源路由器收到源主机发向该组的组播数据包时，首先将此数据包通过单播的形式转发到汇聚点（Rendezvous Point，RP）路由器，然后由汇聚点路由器沿着共享组播树转发到组内各成员。接收者想要接收组播数据，首先要发送加入组申请。接收者发送的加入组申请向上传送至汇聚点 RP。

（1）PIM-SM 协议工作原理

1）组播源注册。为了向汇聚路由器 RP 通知组播源 S 的存在，当组播源 S 向组播组 G 发送了一个组播数据包时，与组播源 S 直接相连的路由器 DR 接收到该组播数据包后，将该数据包封装成注册消息，并单播发送给对应的汇聚路由器。

当汇聚路由器接收到来自组播源 S 的注册消息后，一方面解封装注册消息并将该组播数据包沿着 RPT 转发到接收者，另一方面向组播源 S 发送加入消息。这些沿途的路由器就形成了 SPT 的一个分支，SPT 以组播源 S 为根，以汇聚路由器为目的地。

2）共享树的加入和剪枝。PIM-SM 协议采用 RPT 来转发组播数据，采用显示加入的方式。为了构建以 RP 为根的共享树分支，在某个子网中有接收者的路由器会向共享树的根发送共享树加入消息，这个加入消息一跳一跳的经过沿途的路由器到达 RP，也就是 RPT 的根，加入消息所经过的路径就构成了共享树的分支，从 RP 到接收者的组播信息将沿着这条路径进行传递。

当某个结点不再需要接收组播数据时，它会发送相关消息通知子网内的路由器，路由器如果检测到相连网络中没有组成员，则会向它的上级路由器发送剪枝消息，上级路由器会把相关分支剪枝掉，如果剪枝掉分支后，上级路由器也不再需要转发组播数据，则此剪枝消息会继续向 RP 方向的路由器发送。

3）RPT 树向 SPT 树的切换。PIM-SM 协议最显著的一个特点就是可以实现由 RPT 向 SPT 的切换。最初与组播源相连的路由器向 RP 发送注册消息，把要发送的组播数据封装在注册消息中单播到 RP，RP 收到注册消息后从中提取组播数据，然后把组播数据沿着 RPT 树分发到各个组播树分支。

最后一跳是路由器在收到 RPT 树发送来的组播数据包后，根据一定的条件来决定是否进行 SPT 树切换。当切换条件满足后，最后一跳路由器向相应的组播源发出 SPT 加入请求，这个请求被一级一级传送到组播源，从而建立起 SPT 树，此后数据会沿着此 SPT 树转发。一旦数据开始沿 SPT 树转发，原来的 RPT 树就需要对相关的分支进行剪枝。

（2）协议报文格式

PIM-SM 协议报文直接承载在 IP 数据上，其协议号为 103。PIM-SM 协议有六种分别用于不同目的的报文。

所有的 PIM-SM 协议报文类型都有一个通用的 4B 的 PIM 协议报文首部。

（3）适用场景

PIM-SM 协议主要适用于组播源和接收者分布较稀疏、接收者较少且数据流量小的环境。PIM-SM 协议根据共享树和最短路径树进行组播数据的转发，并根据需要完成共享树到最短路径树的转换。

3.PIM–SSM 协议

协议无关组播源特定组播（Protocol Independent Multicast Source Specifiec Multicast, PIM-SSM）协议是 PIM-SM 协议的一个子集，用于支持特定源组播业务模型。

（1）PIM-SSM 协议工作原理

它在 PIM-SM 协议的基础上，去掉了 PIM-SM 协议中规定的汇聚点 RP 路由器、通告路由器等实体，也省去了首先构建共享树然后切换到最短路径树的过程，而是直接由接收者所在子网的路由器向上游路由器发送（S，C）加入剪枝报文，从而建立起从发送者到接收者的组播通道，转发组播数据。这样就取消了支持 PIM-SM 协议的路由器必须实现 RP 选举及从共享树切换到最短路径树的机制，大大促进了组播路由器的实现。

去掉汇聚路由器 RP 对组播应用的安全性和性能来说有着重要的意义。这是因为 PIM-SM 协议存在一定的缺陷，尤其是整个组播转发过程对 RP 的依赖性。PIM-SM 协议要求至少有一个 RP，如果该 RP 被恶意攻击或者存在性能上的瓶颈，会导致组播转发数据的失败和性能的低下，并且 PIM-SM 协议也没有机制可以防止恶意源向 RP 发送组播数据。尽管在实际应用中可以配置多个路由器为候选 RP，如果 RP 失败，可以从候选 RP 中重新选举一个新的组播路由器作为 RP，但是这一切换 RP 的过程会造成组播数据的时延，甚至中断一段时间，对于那些实时性要求很高的组播应用来说，这种影响是很大的。

（2）协议报文格式

PIM-SM 协议报文直接承载在 IP 数据上，其协议号为 103。所有的 PIM-SSM 协议报文类型都有一个通用的 4B 的 PIM 协议报文首部。

（3）适用场景

PIM-SSM 协议主要适用于多个组播源共享同一组播地址的应用场景，由于 PIM-SSM 协议简化了组播路由的实现路径，所以对路由器的性能要求不高。

第二节　路由协议在卫星网络中适应性分析与仿真验证

一、卫星网络路由协议分析

在传统卫星网络中使用最多的为静态路由，由系统管理员根据卫星网络的拓扑结构事先在地球站设置好，除非管理员干预，否则静态路由不会发生变化。静态路由适用于网络规模不大，网络结构比较简单的环境。但随着卫星网络规模的不断扩大以及对大量 IP 用户的支持，再由管理员依次设置各地球站的静态路由表已变得越来越困难，甚至不可实现。因此需要在卫星网络中使用路由协议，利用收到的路由信息更新各地球站路由表，达到实时适应网络结构变化的目的。

大型卫星网络通常由数百甚至上千台路由器组成，具有规模大，网络结点多的特点，与计算机网络拓扑相比主要有以下四点不同：

1. 网络拓扑结构简单。在卫星网状网中，任意两台路由器间通过卫星结点一跳可达；在卫星星状网中，任意两台路由器间通过卫星结点一跳或两跳可达。

2. 在基于透明转发的卫星网中，所有路由器均处在一个广播域中，很难像计算机网络一样通过划分路由区域来降低路由协议的带宽开销。

3. 在基于星上 IP 路由的卫星网中，波束内的所有路由器均处在一个非广播多路访问网络中，有些路由协议并不支持该类型网络。因此限制了某些路由协议的应用。

4. 卫星链路动态变化（根据业务建链或拆链）导致网络路由发生变化且刷新变得频繁，这对路由协议的性能提出了更高的要求。

对卫星网络而言，路由协议的评价标准包括以下三点：

1. 可扩展性：当运行该协议的卫星网络规模扩大时，不会导致路由协议的收敛性能快速下降，从而影响网络选路的性能。

2. 高效性：路由协议应具有较小的协议开销，包括占用的卫星链路带宽、路由器CPU计算、存储资源。

3. 稳定性：路由协议应该在卫星网络拓扑发生变化时能够尽量小地受到影响，避免或减少路由抖动。

二、单播路由协议适应性分析

本节重点分析在计算机网络中广泛应用的单播路由协议在卫星网络中的适应性。

1.RIP 协议

RIP 协议基于距离矢量算法计算路由，在计算机网络中应用时，存在着跳数限制、路由选择环路、带宽开销过大、收敛慢等问题。尽管有许多研究试图加以改进，但是仍难以适应于大型网络。但在基于透明转发的卫星网络中，RIP 协议却能够很好地避免这些问题。

（1）在基于透明转发的卫星网络中，任意两台路由器间只有一跳或两跳的距离，远小于 RIP 协议支持的 15 跳。

（2）在基于透明转发的卫星网络中，任意两台路由器间只有一条传输路径，不存在冗余链路，因此 RIP 协议也不会出现路由环路的问题。

（3）RIP 协议通过采用水平分割技术，只向外广播本地路由信息，可大大降低路由协议的带宽开销。

（4）RIP 协议在计算机网络中"收敛慢"是指当一条路由信息失效后，邻居路由器需要等待 90s 才能发现，180s 后才会将该路由条目从路由表中删除，并通知其他路由器这一变化。在计算机网中，由于存在多条冗余链路，因此要求路由协议能够迅速发现路由信息的变化，从而寻找到另外一条传输链路。而在基于透明转发的卫星网络中，由于不存在冗余链路，当某条路由信息失效后，尽管其他路由器需要很长时间才能把该条路由删除，但并不影响系统的正常运行。

在基于星上 ATM 交换的卫星网络中，地面 ATM 网关将卫星 ATM 网络与多个计算机网络互联，星载 ATM 交换机负责各个地面 ATM 网关之间的相互通信，通过卫星 ATM 信元承载 IP 数据包，保证多个计算机网络之间的正常通信。多个地面 ATM 网关与星载 ATM 交换机组成一个链路类型为非广播多路访问（Non Broadcast Multi Access，NBMA）的网络，即任意两个地面 ATM 网关间存在一条虚链路实现直接可达。仅有

OSPF 协议支持 NBMA 链路类型，且配置过程较为复杂。因此，RIP 协议不适合在基于星上 ATM 交换的卫星网络中应用，该卫星网络通常采用静态路由，实现 IP 数据包的寻址。

在基于星上 IP 路由的卫星网络中，位于同一波束下的多个地面 IP 路由器与星载 IP 路由器组成一个链路类型为广播或点到多点的网络。点到多点的卫星 IP 网络，即同一波束下的任意两个地面 IP 路由器通过星载 IP 路由器同一端口实现间接可达。地面 IP 路由器的 RIP 路由信息到达星上 IP 路由器后，不再转发至同波束下的其他地面 IP 路由器，因此 RIP 协议若开启水平分割功能，则同波束下地面 IP 路由器不能相互学习路由信息。即使 RIP 协议关闭水平分割功能，地面 IP 路由器仍不能学习到正确的下一跳信息（对于地面 IP 路由器来说，其正确的下一跳为星上 IP 路由器，而通过 RIP 协议学到的下一跳为另一地面 IP 路由器）。

2.OSPF 协议和 IS-IS 协议

OSPF 和 IS-IS 协议都属于链路状态路由选择协议，均采用 SPF 算法来构建路由表。OS-PF 协议与 IP 结合密切，广泛应用于各种企业网络。IS-IS 协议则被大多数 ISP 网络用作骨干网路由协议。但 OSPF 协议和 IS-IS 协议应用于基于透明转发的卫星网络时，其 Hello 机制和链路状态泛洪机制却存在着一定问题，使得路由开销过大。由于 OSPF 协议和 IS-IS 协议的实现机理类似，下面以 OSPF 协议为例说明此类问题。

（1）Hello 机制

OSPF 协议通过定期发送 Hello 报文来发现和维护邻接关系，Hello 报文中会罗列出它所知道的邻居路由器 ID。在计算机网络中，路由器之间往往通过点到点链路连接，所以 Hello 报文的带宽开销很小。但在基于透明转发的卫星网络中，成百上千台路由器通过卫星链路形成邻接关系。随着路由结点数目的增大，Hello 报文的长度会急剧增大，这将造成 Hello 报文的带宽开销变大。随后通过 OPNET 仿真来比较 OSPF 协议定期发送 Hello 报文和 RIP 定期广播路由信息的开销。

（2）链路状态泛洪机制

OSPF 协议通过链路状态泛洪机制，使得一个路由区域内所有路由器获得相同的链路状态数据库，从而采用 SPF 算法计算路由表。在点到点的链路上（如计算机网络），路由器以单播的方式将更新数据包发送到邻居路由器，邻居路由器发送链路状态确认包来确认收到该 LSA。在这种方式下，路由协议的带宽开销相对于计算机网络的链路带宽而言是很小的。

在基于透明转发的卫星网络（广播型网络）中，OSPF 路由器分为指定路由器（Designated Router，DR）、备份指定路由器（Backup Designated Router，BDR）和 DR

Other（既不是 DR 也不是 BDR 的路由器）。DR Other 与 DR、BDR 形成邻接关系。当某一 DR Other 的局部状态发生变化时，它会将链路状态更新数据包通过组播的方式发送给 DR，DR 也将以组播的方式发送给包含 LSA 的更新数据包到网络上所有与之建立邻接关系的路由器。同时，其他 DR Other 还会发送链路状态确认数据包来确认收到该 LSA。因此，随着网络规模的增大，链路状态洪泛过程占用的链路带宽也会迅速增大。相对于卫星网络的链路带宽，OSPF 协议的路由开销太大。在基于星上 IP 路由器的卫星网络中，当位于同一波束下的多个地面 IP 路由器与星载 IP 路由器组成一个链路类型为广播的网络时，OSPF 协议同样存在基于透明转发卫星网络中路由开销过大的问题；当位于同一波束下的多个地面 IP 路由器与星载 IP 路由器组成一个链路类型为点到多点的网络时，需将星载 IP 路由器的 OSPF 协议配置为点到多点接口类型，地面 IP 路由器的 OSPF 协议配置为点到点接口类型，路由信息才会正常收敛。

3.EIGRP 协议

EIGRP 协议具有复合度量、链路开销小等优点。尤其是采用 DUAL 算法，使得路由收敛时间是所有路由协议中最小的。但在基于透明转发的卫星网络中，当网络拓扑变化时，该算法占用的带宽太大。下面简要分析该算法在卫星网络中应用时存在的问题。

在基于透明转发的卫星网络中某一条路由失效后，所有路由器都会对其邻居发出查询请求，寻找替换路由。根据邻居表，来建立应答状态表，跟踪邻居的应答。路由表中将该路由设置为活动状态，这个标志可以防止循环查询。

邻居路由器在收到查询后，由于该路由条目在本路由器中已处于活动状态，因此，答复当前最佳路由并停止查询处理。启动查询的路由器在收到邻居的应答时，会把收到的数据存放在拓扑表中，并标记应答表中的相应项目。当收到所有的应答后，会把路由标记设置为被动状态，然后再次开始本地计算，选择最佳的路由，并在路由表中安装新的最佳路由。

从上面分析 EIGRP 扩散更新的流程可知，当基于透明转发的卫星网络中某条路由失效后，实际上已没有通往路由目的地的通信链路，所以 EIGRP 的扩散更新算法并没有起到有效作用，白白浪费了网络带宽。同样，在基于星上 IP 路由的卫星网络中应用 EIGRP，也存在相似的路由开销过大问题。

三、组播路由协议适应性分析

从目前 IP 组播的发展来看，支持组播的计算机网络主要集中在小型局域网，大范围的组播配置会引起计算机网络拥塞控制和业务量管理等问题。而在卫星网络中能够很好地解决这些问题，特别是卫星网络的大地域广播和单跳性，使得其在支持组播方面具有得天独厚的优势。但卫星网络的拓扑结构、传输体制以及业务应用等方面会对组播路由协议的应用性能产生重要影响。本节重点分析在地面计算机网中广泛应用的组播路由协议在卫星网络中的适应性。

1.PIM-DM 协议

在基于透明转发的卫星网络中，传输体制以及业务应用方式会对 PIM-DM 协议的应用带来一定的影响。如在 FDMA/DAMA 卫星网络中，有时会存在从数据源站到数据接收站的单向传输信道、组播源端路由器无法收到组播接收者的加入消息，从而不能正常向下游转发组播数据流。此外，由于 PIM-DM 协议采用扩散、剪枝的工作方式，使得地球站即使没有组播的接收者，也会间歇性接收到组播数据流，从而占用宝贵的卫星网络资源。

在基于星上 IP 路由的卫星网络中，星载 IP 路由器的处理、存储能力受限会对 PIM-DM 协议的应用带来一定影响。由于 PIM-DM 组播路由转发表是由数据流驱动生成的，星载 IP 路由器需要先处理组播数据流，再根据路由算法生成组播路由转发表。通常组播业务的数据速率较高，这种处理方式会给星载 IP 路由器带来很大的处理负载。

2.PIM-SM 协议

在基于透明转发的卫星网络中，除了上述的单向传输信道，拓扑结构（广播网络）会对 PIM-SM 协议的应用带来一定的影响。在卫星网络中应用 PIM-SM 协议，还需要选择一个地球站路由器作为该组播组的汇聚点 RP。当组播源与汇聚点路由器不在同一地球站时，组播数据需要先发送到汇聚点路由器，再转发给有组播接收者的地球站。这样就会占用宝贵的卫星网络资源，而不能发挥其单跳性的优势。

在基于星上 IP 路由的卫星网络中，星载 IP 路由器的处理、存储能力受限同样会对 PIM-SM 协议的应用带来一定影响。PIM-SM 组播路由转发表的生成与 PIM-DM 类似，这样会给星载 IP 路由器带来较大的处理负载。此外，星载 IP 路由器是基于星载 IP 路由的卫星网络中汇聚点最合适的选择，可充分发挥卫星网络单跳性的优势，但组播汇聚点的功能实现会进一步增加星载 IP 路由器处理和存储压力。

3.PIM-SSM 协议

PIM-SSM 协议采用基于路由信令生成组播路由转发表的方式，使其在卫星网络中应用具有一定的优势。在基于透明转发的卫星网络中，主要是单向传输信道会对 PIM-SM 协议的应用带来一定影响。而在基于星上 IP 路由的卫星网络中，主要是同波束点到多点的链路类型会影响 PIM-SSM 协议路由信令的传输与处理，包括组播加入消息上游邻居的选择以及同端口组播数据的转发。

四、路由协议在卫星网络中适应性仿真

为验证路由协议在卫星网络中的适应性，本节采用 OPNET 仿真工具搭建了基于透明转发和基于星上 IP 路由的卫星网络仿真模型，重点对 RIP、OSPF 和 EIGRP 协议的收敛性、协议开销进行仿真验证。

1.RIP 和 OSPF 协议在基于星上 IP 路由的卫星网络中适应性验证

基于星上 IP 路由的卫星网络 RIP 和 OSPF 协议适应性仿真场景，由一个星载 IP 路由器和六个地球站（使用地面路由器模拟）组成。星载 IP 路由器的端口 1（波束 1）连接地球站 1.2.3，端口 2（波束 2）连接地球站 4.5.6。波束 1 下每个地球站有一条路由条目（192.168.x.0/24），波束 2 下每个地球站都有一条路由条目（192.169.x.0/24）。星载 IP 路由器的每个端口与地球站可以组成链路类型为点到多点的网络。RIP 协议关闭水平分割功能，OSPF 协议端口类型配置为点到多点网络（星载 IP 路由器）和点到点网络（地面路由器），验证 RIP 和 OSPF 协议在该卫星网络下的收敛特性。

2.RIP 和 OSPF 协议在基于透明转发的卫星网络中适应性验证

基于透明转发的卫星网络 RIP 和 OSPF 协议适应性仿真场景，由一个星上透明转发器（使用地面网桥模拟）和三百个地球站（使用地面路由器模拟）组成。所有地球站通过星上透明转发器相连，组成一个广播型链路的网状网拓扑结构。每个地球站有一条路由条目（192.x.x.0/24），RIP 协议打开水平分割功能，OSPF 协议端口类型配置为广播型网络。仿真开始 9min 后，某个地球站重新加入卫星网络（模拟路由震荡），验证 RIP 和 OSPF 协议在该卫星网络中的协议开销。

OSPF 协议在仿真初期的一段时间内，整个网络中路由信息交换的数据量非常大（协议开销约为 7.5Mbit/s），当 OSPF 协议达到收敛状态之后，整个网络中数据通信趋于稳定，但仍维持在一个较高水平（协议开销约为 300obi/s）。而 RIP 的路由开销相对较小（协议开销约为 7kbit/s），远低于 OSPF 协议，而且随着网络规模的扩大，这种趋势还会更加明显。由此可以看出，当路由器的局部状态发生变化或有新的路由器加入时（路由震荡），OSPF 协议会有一个明显的突发流量（协议开销约为 6Mbi/s），而 RIP 协议的路由开销没有明显的变化。

3.EIGRP 协议在基于透明转发的卫星网络中适应性验证

基于透明转发的卫星网络 EIGRP 协议适应性仿真场景，由一个星上透明转发器（使用地面网桥模拟）和四十个地球站（使用地面路由器模拟）组成。所有地球站通过透明转发设备相连，组成一个广播型链路的网状网拓扑结构。每个地球站有一条路由条目（192.168.x.0/24），RIP 协议打开水平分割功能，EIGRP 协议采用默认配置。仿

真 10min 时，某个地球站退出卫星网络；仿真 13min 时，该地球站重新加入卫星网络，用来模拟路由振荡，对比 RIP 和 EIGRP 协议在该卫星网络中的协议开销。

第三节　典型卫星网络路由解决方案及优化

一、FDMA/DAMA 卫星网络路由方案

在 FDMA/DAMA 卫星网络中，路由方案的选择与设计应重点考虑链路按需建立、拆除以及链路的单向性对路由协议的影响。

1. 单播路由方案设计

FDMA/DAMA 卫星网络采用自动检测或通过人工动态设置的方式实现信道接入控制，达到动态申请卫星资源的目的，卫星链路不是一直存在，路由也不存在。路由协议需要通过相邻路由器间交互路由信息来动态获取全网的路由信息，卫星信道建链成功后，路由协议最长需要几十秒的时间才能达到路由收敛。这样会导致一些 IP 应用协议由于信令建立时间过长，造成用户终端呼叫失败，影响正常通信。因此，动态路由协议并不适合在 FDMA/DAMA 卫星网络中直接应用。

与计算机网络不同，FDMA/DAMA 卫星网络中卫星链路的建立具有阶段性，因此在卫星段需要自适应路由技术。FDMA/DAMA 卫星网络根据用户通信需求动态申请卫星资源，卫星链路建立后自动建立路由。自适应路由技术提供可控的路由建立机制，避免用户对路由的复杂配置，同时对地面网和地球站的用户完全透明。

2. 组播路由方案设计

在 FDMA/DAMA 卫星网络中，组播业务的应用方式与计算机网络有所不同。如在一次卫星视频会议中，通常由视频组播的发起者选择组播流的接收者，然后向网控中心申请到各个接收者所在远端站的广播信道。为了节约卫星宽带，往往只建立从组播源到各个接收者的单向广播信道，而不存在接收者到组播源的反向信道。采用 PIM-SM、PIM-SSM 协议的接收者想要接收组播数据，首先要通过反向信道向组播源或汇聚点发送加入组申请。因此，在 FDMA/DAMA 卫星网络中不适合采用 PIM-SM、PIM-SSM 协议。

PIM-DM 协议在源端路由器配置静态组播接收组后，不需要接收者向组播源发送加入组申请，当路由器收到组播数据流后，直接向下游转发。此外，FDMA/DAMA 卫星网络中的组播接收者通常是由组播发起者指定，也不存在剪枝与嫁接过程。因此，PIM-DM 协议不需要接收者到组播源的反向卫星信道，比较适合在 FDMA/DAMA 卫星网络中使用。

二、MF-TDMA 卫星网络路由方案

在 MF-TDMA 卫星网络中，路由方案的选择与设计应重点考虑网状网络拓扑结构和广播型链路对路由协议的影响。

1. 单播路由方案设计

MF-TDMA 卫星网络拓扑结构较为简单，各个地球站连接在卫星信道上，任意两站之间仅有一条距离。

通过上节对路由协议的适应性分析可知，采用水平分割的 RIP 协议更加适合在 MF-TDMA 卫星网络中应用，但是也存在以下问题：

（1）MF-TDMA 卫星网络在应用组网时，卫星侧接口与本地接口的网段配置可能属于不同的管理机构，极易造成网段配置重叠。

（2）与地面路由交换设备相似，MF-TDMA 卫星终端存在两次数据查表转发操作（三层路由寻址、二层地址解析），但由于卫星链路长时延的影响，增大了数据包在卫星终端内的转发时延，从而降低了系统传输效率。

根据 MF-TDMA 卫星网络的上述特点及应用需求，下面提出一种更加适应卫星网络环境的路由协议——卫星 RIP（RIP-Satellite，RIP-S），它基于标准的 RIP 改进，采用了两项技术——扩展的无编号 IP 技术与双层寻址路由技术，既可规避网段冲突又高度集成了转发功能，可灵活应用于 MF-TDMA 卫星网络。

1）扩展的无编号 IP 技术

无编号 IP 技术本是一种计算机网络中点到点链路上节约 IP 地址的方案，同时也能节约点到点链路上路由设备的路由表开销。所谓无编号 IP，实际上就是路由器的串行接口在没有配置有效 IP 地址时，可以借用其他接口的 IP 地址，使该接口能够正常使用。将无编号 IP 技术扩展，使其不仅能在点到点链路上实现，而且可以在广播型链路的以太网口上实现。这样 MF-TDMA 卫星终端卫星侧接口借用本地接口的地址，卫星侧接口则不用分配地址，既可以节约 IP 地址与路由表的开销，又能解决 MF-TDMA 卫星网络内网段冲突问题。

2）双层寻址路由技术

双层寻址路由技术是三层路由寻址与二层地址解析的集成实现技术。三层路由寻址指的是通过数据包的目的 IP 地址获取下一跳路由结点的 IP 地址，二层地址解析指的是通过下一跳路由结点的 IP 地址获取其物理地址（在卫星网络中，站号为卫星终端的物理地址）。双层寻址路由技术通过一次路由即可完成下一跳路由结点 IP 地址与对应物理地址的寻址。该技术利用 RIP 定期更新的特性，并使用 RIP-S 自己定义的路由

报文格式，使整个卫星网络的路由收敛和链路层地址解析同时完成，一次查表即可完成数据的转发工作。RIP-S 生成的路由表与标准路由表相比，每跳路由项中增加下一跳路由结点 IP 地址对应的链路层地址（站号）字段。

MF-TDMA 卫星网络可以使用标准的 RIP 协议实现域内的路由选择。通过采用结合扩展的无编号 IP 技术和双层寻址路由技术的 RIP-S，可以进一步优化卫星终端的内部结构与路由流程，并提高卫星网络的传输效率。

2. 组播路由方案设计

MF-TDMA 卫星网络也是按需建立卫星链路的，但与 FDMA/DAMA 卫星网络不同的是，在业务通信前，系统为每个地球站预留一定的卫星宽带，用于管理信息、路由信息的传输，即任意两个地球站之间都存在双向通信链路。因此，PIM-DM，PIM-SM 和 PIM-SSSM 协议都可以用于 MF-TDMA 卫星网络，下面就这几种组播路由协议在 MF-TDMA 卫星网络的应用性能进行简要分析。

（1）PIM-DM 协议

PIM-DM 协议的路由方式采用扩散、剪枝模式来发送数据，当某地球站需要传输多路组播流时，需要和接收组播数据的远端站建立双向卫星链路。地球站在收到组播数据流后，即使下游没有该组播的接收者（但存在 PIM 邻居路由器），也会向所有的卫星链路发送组播数据，会造成卫星链路的拥塞，影响该卫星链路上正常的业务接收。因此，PIM-DM 协议不适应 MF-TDMA 卫星网络地球站有多路组播业务流传输的情况。

（2）PIM-SM 协议

为了使 PIM-SM 协议正常地工作，在 PIM-SM 域内的所有路由器必须知道 RP 地址。确定 RP 有两种方法：一是静态配置，它要求为每个路由器配置一个组或一系列组的 RP 地址，但当网络规模变大或是不同的组播组在域内使用不同的 RP 时配置问题尤其严重；二是动态方法，即引导路由器（Bootstrap Router，BSR）产生"引导"消息，这些消息用来选举一个活跃的"BSR"，同时包含组到 RP 映射信息，用于散布 RP 信息。

当组播源与该组的 RP 地址不在同一地球站时，组播数据需要先单播发送到 RP 路由器所在的地球站，然后再由 RP 路由器组播发送到有接收者的地球站。这样组播数据流需要卫星链路两跳，未能充分发挥卫星网络的广播和单跳的特性。

（3）PIM-SSM 协议

在 MF-TDMA 卫星网络中，采用 PIM-SSM 协议来作为组播路由方式是比较适合的。PIM-SSM 协议利用了稀疏模式的所有好处，但其完全不使用共享树的转发方式，而是使用最短路径树。当某地球站的业务终端想要接收某条组播流时，会向组播源发送接收请求，并在沿途路由器上建立转发状态，组播源收到该请求后发送组播数据流，该组播流会沿着建立好的路径传送到接收者。

通过上述分析可知，与 PIM-DM 协议和 PIM-SM 协议相比，PIM-SSM 协议更适合应用于 MF-TDMA 卫星网络。

三、DVB-RCS 卫星网络路由方案

在 DVB-RCS 卫星网络中，路由方案的选择与设计应重点考虑星型网络拓扑结构和点到多点链路对路由协议的影响。

1. 单播路由方案设计

DVB-RCS 卫星网络中远端站间的通信需经过中心站转发，两站不能直接互通，对于路由协议来说，属于点到多点网络。在计算机网络的路由协议中，只有 OSPF 协议支持点到多点网络。但采用 OSPF 协议对远端站路由器的性能要求较高，同时占用较多的信道带宽。

DVB-RCS 卫星网络的路由解决方案需要充分考虑系统的网络拓扑结构，设计专用的卫星路由协议解决域内路由选择问题。在 DVB-RCS 卫星网络中远端站之间必须经过中心站转发才能实现互通，小站之间没有必要直接交互路由信息。DVB-RCS 卫星网络的路由解决思路如下：

（1）远端站 DVB-RCS 卫星终端通过标准路由协议与相连的路由器交互路由信息，获取本地的可达路由信息，并配置缺省路由，指向中心站。

（2）远端站 DVB-RCS 卫星终端定期触发向中心站上报本地的可达路由信息。

（3）中心站路由器负责收集全网络路由信息的更新，并进行卫星网络内的路由计算。同时维护远端站 IP 地址与 MAC 地址的映射与转换。

（4）远端站 DVB-RCS 卫星终端设置路由缓存，为到达的用户 IP 数据包选择最佳路由并得到下一跳 DVB-RCS 卫星终端 MAC 地址。当本地缓存无法查找到对应 IP 数据包的下一跳 DVB-RCS 卫星终端 MAC 地址时，到中心站进行查询。

2. 组播路由方案设计

在 DVB-RCS 卫星网络中，组播数据源一般放置在中心站，前向链路采用 TDM 体制，从中心站到远端站的通信链路一直存在。若采用 PIM-DM 协议，即使远端站没有组播接收者，组播数据流也会周期性地向远端站进行广播，造成 DVB-RCS 卫星网络前向链路带宽资源的浪费。因此，在 DVB-RCS 卫星网络中适合采用 PIM-SM 协议和 PIM-SSM 协议，当远端站的接收者需要接收某条组播数据流时，首先通过反向信道向组播源或汇聚点发送加入组申请。当 DVB-RCS 卫星网络采用 PIM-SM 协议时，将汇聚 RP 放置在中心站，就可避免组播数据在卫星网中传输的两跳问题。

四、基于星上处理的卫星网络路由方案

在基于星上处理的卫星网络中，路由方案的选择与设计应重点考虑多种链路类型（点到点链路广播链路）以及星上受限的处理能力对路由协议的影响。

1. 单播路由方案设计

在基于星上 IP 路由的卫星网络中，星载路由器的接口链路有 FDMA 和 TDMA 两类调制解调器。星载路由器的 TDMA 接口与地球站之间组成一个链路类型为广播的网络，动态路由协议的适应性可参考 MF-TDMA 卫星网络，适合应用 RIP。星载路由器的 FDMA 接口与地球站之间组成一个链路类型为点到点的网络，在点到点链路上，OSPF 协议在没有路由信息变化时，只需要保持相互间的 Hello 呼叫信息包，流量很小，而 RIP 交互的路由信息包中包含了整个路由表的路由信息，开销比 OSPF 协议要大得多，因此适合应用 OSPF 协议。

综上所述，基于星上 IP 路由的卫星网络单播路由解决方案为：根据星载路由器的端口类型进行路由分域，星载路由器的 FDMA 接口区域内应用 OSPF 协议，TDMA 接口区域内应用 RIP，不同区域间的路由信息通过路由重新分布实现共享。

2. 组播路由方案设计

在基于星上 IP 路由的卫星网络中，网络的拓扑结构与计算机网络相比有着明显的差别，特别是同一波束内的所有地面路由器处在一个点到多点网络中。PIM-DM 协议、PIM-SM 协议和 PIM-SSM 协议在计算机网络和基于透明转发的卫星网络中应用时，网络类型包括点到点网络和广播网络。组播路由协议在应用基于星上 IP 路由的卫星网络（点到多点网络）时，存在以下几点问题：

（1）向上游发送加入消息，在基于星上 IP 路由的卫星网络中，地面路由器收到接收者 ICMP 的加入消息后，生成 PIM 加入消息向组播源的上游路由器发送。在点到多点网络中地面路由器的上游路由器为星载路由器，当星载路由器的端口一收到该 PIM 加入消息后，生成组播路由表项。对于星载路由器来说，组播源的上游路由器也与自己的端口一相连，因此组播路由表项的出口列表为空。这样，星载路由器就不会产生 PIM 加入消息，继续向上游发送，组播数据也就不能通过星载路由器转发给接收者所连接的地面路由器。

（2）同端口组播数据转发。在计算机网络中，当路由器从一个端口收到组播数据包后会向其他端口进行转发，但不包括数据接收端口。而在基于星上 IP 路由的卫星网络，同波束内的地面路由器处于星载路由器的同一端口下。当星载路由器收到组播数据包后，需要向输入端口转发该组播包，因此，需要对组播路由转发表的生成算法进行优化才能满足这一需求。

由上述分析可知，标准的组播路由协议不适合在基于星上 IP 路由的卫星网络中直接应用。此外，PIM-DM 协议和 PIM-SM 协议的组播路由转发表是由数据流驱动生成的，即当路由器收到组播数据包后才动态生成组播路由转发表。受限于星载路由器的处理能力，采用该方式产生组播路由转发表会有一定的时延，同时也会对星载路由器的处理器带来很大的网络负荷。因此基于星上 IP 路由的卫星网络组播路由协议应以 PIM-SSM 协议为基础，并结合基于星上 IP 路由的卫星网络的特点（如点到多点网络类型、同端口转发），开发卫星网络专用的组播路由协议。

五、低轨卫星网络路由关键技术研究

低轨（LEO：Low Earth Orbit）卫星网络，是指采用若干 LEO 通信卫星节点构成的星座网络。由于 LEO 卫星网络具有广阔的地理覆盖特性、较短的通信往返延迟、较低的用户终端与卫星节点间通信功耗以及高效的无线频谱复用特性，为实现全球实时无缝信息传递，提供了有效的解决手段，在视频点播、多媒体广播、远程医疗、远程教育和高速互联网接入等领域，具有广阔的应用前景和研究价值。

路由技术作为解决 LEO 卫星网络承载互联网数据报通信的核心技术，对信息的高效实时传递，具有极为重要的意义。然而，由于 LEO 卫星网络的时变拓扑、用户与卫星节点间接入关系的不断变化、星上处理能力严重受限和节点硬件不可升级等特性，给 LEO 卫星网络路由协议设计提出了严峻挑战。

为了实现用户节点间的数据包通信，LEO 卫星网络除了需要具备数据报路由功能外，还需要通过移动管理系统对用户节点进行定位，以及在用户节点切换接入卫星节点时，保持已有的通信进程不被中断。由于用户节点与 LEO 卫星节点间接入的关系动态性，以及 LEO 卫星网络中，存在诸如"seam"区域、极地区域等特殊区域，因此在 LEO 卫星网络中，通过 LEO 卫星实现基于空间的移动管理，存在绑定更新和定位开销过大等问题。

第五章 TCP/IP 协议

在 INTERNET 中 TCP/IP 题要的一种协议，用于组织网络中的计算机和通信设备，IP（Internet Protocol）将数据从一个地方传送到另一个地方，而 TCP（Transmission Control Protocol）保证正确地工作，本章将对 TCP/IP 协议进行分析。

第一节 OSI 和 DOD 模型

传输控制协议 / 因特网协议（TCP/IP）组是由美国国防部（DOD）所创建的，主要用来确保数据的完整性及在毁灭性战争中维持通信。如果能进行正确地设计和应用，TCP/IP 网络将是可靠的并富有弹性的网络。

本章详细阐述 TCP/IP 的层次结构，以及每层包含的协议，讲解传输层两个协议 TCP 和 UDP 协议的应用场景，应用层协议和传输层协议的关系，应用层协议和服务之间的关系。并且演示了在 Windows Server 2003 上安装配置 FTP 服务、Web 服务、POP3 服务、SMTP 服务和 DNS 服务，启用服务器的远程桌面，并且配置客户端，连接这些服务器。

TCP/IP 是 Transmission Control Protocol/Internet Protocol 的简写，中文译名为传输控制协议 / 因特网互联协议，又叫网络通信协议，这个协议是 Internet 最基本的协议，Internet 国际互联网络的基础，简单地说，就是由网络层的 IP 协议和传输层的 TCP 协议组成的。

配置 Windows 防火墙保护 Windows XP 安全和使用 TCP/IP 筛选配置服务器安全，防止主动入侵计算机。配置 IPSec 严格控制进出服务器的数据流量，避免木马程序造成威胁。

同时展示使用捕包工具排除网络故障。

DOD 模型基本上是 OSI 模型的一个浓缩版本，它只有四个层次，而不是七个，它们是：

第一，应用层；

第二，传输层；

第三，网络层；

第四，网络接口层。

在功能上和 OSI 参考模型互相对应：

DOD 模型的 Process/Application 层对应 OSI 参考模型的最高三层。

DOD 模型的 Host-to-Host 层对应 OSI 参考模型的 Transport 层。

DOD 模型的 Internet 层对应 OSI 参考模型的 Network 层。

DOD 模型的 Network Access 层对应 OSI 参考模型的最低二层。

一、传输层协议

在网络上的通信有以下两种情况：

一种情况是，一个数据包就能完成通信任务，例如，我们上网时计算机的域名解析（DNS）和 QQ 聊天，即是一个数据包就能完成任务。另一种情况是，一个数据包不能完成通信任务，比如，我们打开 IE 浏览器，访问网站，网页中有很多文字和图片，一个数据包不能发送到客户端，需要把数据分成段，编上号，然后分段传递到客户端。再如 QQ 传文件，需要将文件分段，编号，然后再传递到客户端。在 TCP/IP 协议栈，传输层有两个协议—TCP 和 UDP。

TCP（Transmission Control Protocol，传输控制协议）：一个数据不能完成通信任务的通信大多使用 TCP 协议。传输前数据分段，编号，建立会话，可靠传输。

UDP（User Data Protocol，用户数据包协议）：一个数据包就能完成的任务大多使用 UDP 协议，不可靠传输，不建立会话，数据不分段，不编号，也有一些多播通信使用 UDP 协议。

理解了 TCP 和 UDP 的应用场景之后，可以针对某种应用推断出其传输层使用的是 TCP 协议还是 UDP 协议，比如，发送电子邮件，一个数据包是不能完成电子邮件传输的，发送电子邮件的 SMTP 协议在传输层是 TCP；使用 FTP 上传文件和下载文件，一个数据包也不能完成文件的上传和下载，因此你可以推断 FTP 在传输层使用的也是 TCP 协议；访问 Web 站点，一个数据包也不能将 Web 页面的图片和文字传送到客户端，可以推断其在网络层使用的是 TCP 协议。

二、传输控制协议

传输控制协议（TCP）通常从应用程序中得到大段的信息数据，然后将其分割成若干个数据段。TCP 会为这些数据段编号并排序，这样，在目的方的 TCP 协议栈才可以将这些数据段再重新组成原来应用数据的结构。由于TCP采用的是虚电路连接方式，这些数据段在被发送出去后，发送方的TCP会等待接收方TCP给出一个确认性应答，那些没有收到确认应答的数据段将被重新发送。

当发送方主机开始沿分层模型向下发送数据段时，发送方的TCP协议会通知目的方的TCP协议去建立一个连接，也就是所谓的虚电路。这种通信方式被称为面向连接的通信。在这个初始化的握手协商期间，双方的TCP层需要对接收方在返回确认应答之前，可以与连续发送多少数量的信息达成一致。随着协商过程的深入，用于可靠传输的信道就被建立起来。

TCP是一个全双工的、面向连接的、可靠的并且是精确控制的协议，但是要建立所有这些条件和环境并附加差错控制，并不是一件简单的事情。所以，毫无疑问，TCP是复杂的，并在网络开销方面是昂贵的。然而，由于如今的网络传输同以往的网络相比，已经可以提供更高的可靠性，因此，TCP所附加的可靠性就显得没那么大了。

三、用户数据报协议

用户数据报协议（UDP）适用于一个数据包就能完成的数据通信任务。比如QQ聊天发送的数据，域名解析（DNS）一个数据包就能完成。这类通信不需要在客户端和服务器端建立会话，节省服务器资源。如果网络不稳定，发送数据包失败，客户端会重试。

UDP协议也广泛应用到多播和广播，比如多媒体教室程序将屏幕广播给学生的计算机，教室中的计算机接收教师计算机电脑屏幕。这类通信虽然一个数据包不能完成通信，但这类通信不需要客户端和服务器端连接会话。

UDP无须排序所要发送的数据段，而且不关心这些数据段到达目的时的顺序，在发送完数据段后，就忘记它们。它不去进行后续工作，如去核对它们，或者产生一个安全抵达的确认，它完全放弃了可以保障传送可靠性的操作。正是因为这样，UDP被称为是一个不可靠的协议，但这并不意味着UDP就是无效率的，它只表明，UDP是一个不处理传送可靠性的协议。

更进一步讲，UDP不去创建虚电路，并且在数据传送前也不联系对方。正因为这一点，它又被称为是无连接的协议。由于UDP假定应用程序能保证数据传送的可靠性，因而它不需要对此做任何的工作。这给应用程序开发者在使用因特网协议栈时多提供了一个选择：使用传输可靠的TCP，或使用传输更快的UDP。

因此，如果你正在使用语音IP（VoIP），那么你就不会再使用UDP，因为如果数据段未按顺序到达（在IP网络中这是很常见的），那么这些数据段将只会以它们被接收到的顺序传递给下一个 OSIDOD 层面。而与之不同的是，TCP 则会以正确的顺序来重组这些数据段，以保证秩序上的正确，UDP 却做不到这一点。

四、应用层协议

传输层协议添加端口就可以标识应用层协议。应用层协议代表着服务器上的服务，服务器上的服务如果对客户端提供服务，必须在 TCP 或 UDP 端口侦听客户端的请求。

应用层协议和传输层协议的关系：

传输层的协议 TCP 或 UDP 加上端口就可以标识一个应用层协议，TCP/IP 协议中的端口范围是从 0~65535。

1. 端口的作用

端口有什么用呢？我们知道，一台拥有 IP 地址的主机可以提供许多服务，比如 Web 服务、FTP 服务、SMTP 服务等，这些服务完全可以通过一个 IP 地址来实现。那么，主机是怎样区分不同的网络服务呢？显然不能只靠 IP 地址，因为 IP 地址与网络服务的关系是一对多的关系。实际上是通过 "IP 地址 + 端口号" 来区分不同的服务的。

服务器一般都是通过知名端口号来识别的。例如，对于每个 TCP/IP 实现来说，FTP 服务器的 TCP 端口号都是 21，每个 Telnet 服务器的 TCP 端口号都是 23，每个 TFTP（简单文件传送协议）服务器的 UDP 端口号都是 69。任何 TCP/IP 实现所提供的服务都用知名的 1~1023 之间的端口号。这些知名端口号由 Internet 号分配机构（Internet Assigned Numbers Authority，IANA）来管理。

2. 应用层协议和传输层协议的关系

下面是一些常见的应用层协议和传输层协议之间的关系：

HTTP 默认使用 TCP 的 80 端口

FTP 默认使用 TCP 的 21 端口

SMTP 默认使用 TCP 的 25 端口

POP3 默认使用 TCP 的 110 端口

HTTPS 默认使用 TCP 的 443 端口

DNS 使用 UDP 的 53 端口

远程桌面协议（RDP）默认使用 TCP 的 3389 端口

Telnet 使用 TCP 的 23 端口

Windows 访问共享资源使用 TCP 的 445 端口

3. 知名端口

知名端口即众所周知的端口号，范围从 0~1023，这些端口号一般被固定分配给一些服务。比如 21 端口分配给 FTP（文件传输协议）服务，25 端口分配给 SMTP（简单邮件传输协议）服务，80 端口分配给 HTTP 服务，135 端口分配给 RPC（远程过程调用）服务等。

网络服务是可以使用其他端口号的，如果不是默认的端口号则应该在地址栏上指定端口号，方法是在地址后面加上冒号"："（半角），再加上端口号。比如使用"8080"作为 www 服务的端口，则需要在地址栏里输入"http : //www.cce.com.cn : 8080"。

但是有些系统协议使用固定的端口号，它是不能被改变的，比如 139 端口专门用于 NetBIOS 与 TCP/IP 之间的通信，不能手动改变。客户端在访问服务器时，源端口一般都是动态分配的 1024 以上的端口。

应用层协议和服务的关系：

应用层协议代表的是服务器上的服务。

不管是 Windows XP 还是 Windows 7，无论是 Windows Server2003 还是 Windows Server 2008 都有内置的一些服务。这些服务有的是为本地计算机提供服务的，比如停止了 Network Connections 服务，你就不能打开网络连接修改 IP 地址；有的是为网络中的其他计算机提供服务，这类服务使用 TCP 或 UDP 的特定端口侦听客户端请求。举例说明，Server 服务器安装了 Web 服务、FTP 服务、SMTP 服务和 POP3 服务。Web 服务在 TCP 的 80 端口侦听客户端请求，SMTP 服务在 TCP 的 25 端口侦听客户端的请求，POP3 在 TCP 的 110 端口侦听客户端请求，FTP 在 TCP 的 21 端口侦听客户端请求。

ClientA 访问 Server 的 Web 服务，数据包的目标端口为 80，ClientB 访问 Server 的 FTP 服务，数据包的目标端口为 21。这样，服务器 Server 就可以根据数据包的目标端口来区分客户端要请求的服务。数据包中的目标 IP 地址用来定位服务器，而数据包中的目标端口用来定位服务器上的服务。

应用层协议和服务：

下面就以 Web 服务、FTP 服务、SMTP 服务、POP3 服务和 DNS 服务为例，帮助读者理解传输层协议和应用层协议的关系，并深刻理解服务和应用层协议之间的关系。

现在在 Windows Server 2003 上安装 Web 服务、FTP 服务、SMTP 服务、POP3 服务和 DNS 服务并配置这些服务，查看这些服务侦听的端口，并且配置客户端访问这些服务。配置服务器和客户端不使用默认端口进行通信。

通过更改服务侦听的端口，可以迷惑入侵者，入侵者通过端口扫描工具，查看服务器侦听的端口，就可以判断服务器运行的服务。如果你的服务器只对内网的用户提供服务，或者不对 Internet 上的用户提供服务，你都可以更改服务不使用默认端口，这样可以迷惑攻击者，增强服务器的安全性。

第二节 安装服务

一、在 Windows Server 2003 上安装服务

读者朋友对在计算机上安装程序一定非常熟悉。现在介绍一下在 Server 计算机上安装 Web 服务、FTP 服务、SMTP 服务、POP3 服务和 DNS 服务。

1. 在 Server 上更改 DNS 指向自己的 IP 地址。

2. 选择 VM → Removable Devices+CD/DVD（IDE）→ Settings 菜单命令。

3. 在弹出的 CD/DVD 对话框中，选中 Use ISO image file 单选按钮，单击 Browse 按钮，浏览到 Windows Server 2003 的安装盘，单击 OK 按钮。

4. 选择"开始"→"设置"→"控制面板"命令，在弹出的"控制面板"窗口中，单击"添加或删除程序"图标。

5. 在打开的"添加或删除程序"窗口中，单击"添加 / 删除 Windows 组件"图标。

6. 在弹出的"Windows 组件向导"对话框中，选中"电子邮件服务"复选框，以及"网络服务"复选框，单击"详细信息"按钮。

7. 在弹出的"网络服务"对话框中，选中"域名系统（DNS）"复选框，单击"确定"按钮。

8. 在"Windows 组件向导"对话框中，选中"应用程序服务器"复选框，单击"详细信息"按钮。

二、配置 FTP 服务器

FTP 是 File Transfer Protocol（文件传输协议）的英文简称，而中文简称为"文传协议"。用于 Internet 上控制文件的双向传输。同时，它也是一个应用程序（Application），用户可以通过它把自己的 PC 与世界各地所有运行 FTP 协议的服务器相连，访问服务器上的大量程序和信息。FTP 的主要作用，就是让用户连接上一个远程计算机（这些计算机上运行着 FTP 服务器程序）查看远程计算机上有哪些文件，然后把文件从远程计算机上拷贝到本地计算机，或把本地计算机的文件传送到远程计算机去。

第三节　基本工作原理

从以上体系结构来看，TCP/IP 是 OSI 七层模型的简化，共分为四层：应用层，传输层，IP 层和物理网络接口层。TCP/IP 模型将与物理网络打交道的物理网络部分称为网络接口，它相当于 OSI 的物理层和数据链路层。

在互联网上源主机的协议层与目的主机的同层协议通过下层提供的服务实现对话。在源和目的主机的同层实体称为对等实体（peer entities）或叫对等进程，它们之间的对话实际上是在源主机上从上到下然后穿越网络到达目的主机后再从下到上到达相应层。

下面以使用 TCP 协议传送文件（如 FTP 应用程序）为例说明 TCP/IP 的工作原理：

1. 在源主机上应用层将一串字节流传给传输层；

2. 传输层将字节流分成 TCP 段，加上 TCP 包头交给互联网络（IP）层；

3. IP 层生成一个包，将 TCP 段放入其数据域，并加上源和目的主机的 IP 包交给数据链路层；

4. 数据链路层在其帧的数据部分装 IP 包，发往目的主机或 IP 路由器；

5. 在目的主机，数据链路层将数据链路层帧头去掉，将 IP 包交给互联网层；

6. IP 层检查 IP 包头，如果包头中的校验和与计算出来的不一致，则丢弃该包；

7. 如果校验和计算一致，IP 层去掉 IP 头，将 TCP 段交给 TCP 层，TCP 层检查顺序号来判断是否为正确的 TCP 段；

8. TCP 层为 TCP 包头计算 TCP 头和数据。如果不对，TCP 会丢弃这个包，若对，则向源主机发送确认；

9. 在目的主机，TCP 层去掉 TCP 头，将字节流传给应用程序；

10. 于是目的主机收到了源主机发来的字节流，就像直接从源主机发来的一样。

实际上每往下一层，便多加了一个报头，而这个头对上层来说是透明的，上层根本感觉不到下面报头的存在。假设物理网络是以太网，上述基于 TCP/IP 的文件传输（FTP）应用打包过程便是一个逐层封装的过程，当到达目的主机时，则从下而上去掉包头。

从用户角度看，TCP/IP 协议提供一组应用程序，包括电子邮件、文件传送和远程登录。它们都是实用程序，用户使用它们可以方便地发送邮件，在主机间传送文件和以终端方式登录远程主机；从程序员的角度看，TCP/IP 提供两种主要服务：无连接报文分组递送服务和面向连接的可靠数据流传送服务，这些服务都由 TCP/IP 驱动程序提供，程序员可用它们来开发适合自己应用环境的应用程序；从设计角度看，TCP/IP 主要涉及寻址、路由选择和协议的具体实现。

一、TCP/IP 与 OSI 的比较

通过前面的讨论，大家已经看到 TCP/IP 模型和 ISO/OSI 模型有许多相似之处。例如，两种模型中都包含能提供可靠的进程之间端到端传输服务的传输层，而在传输层之上是面向用户应用的传输服务。尽管 ISO/OSI 模型和 TCP/IP 模型基本类似，但是它们还是有许多不同之处。有一点需要特别指出：我们是比较两种参考模型的差异，并不对两个模型中所使用的协议进行比较。

在 ISO/OSI 参考模型中，有三个基本概念：服务、接口和协议。也许 ISO/OSI 模型的最重要的贡献是将这三个概念区分清楚了。每一层都为其上层提供服务，服务的概念描述了该层所做的工作，并不涉及服务的实现以及上层实体如何访问的问题。层间接口描述了高层实体如何访问低层实体提供的服务。接口定义了服务访问所需的参数和期望的结果。接口仍然不涉及到某层实体的内部机制，而只有不同机器同层实体使用的对等进程才涉及同层实体的实现问题。只要能够完成它必须提供的功能，对等层之间可以采用任何协议。如果愿意，对等层实体可以任意更换协议而不影响高层软件。

上述思想也非常符合现代的面向对象的程序设计思想。一个对象（如模型中的某一层），有一组它的外部进程可以使用的操作。这些操作的语义定义了对象所能提供的服务的集合。对象的内部编码和协议对外是不可见的，也与对象的外部世界无关。TCP/IP 模型并不十分清晰地区分服务、接口和协议这些概念。相比 TCP/IP 模型，ISO/OSI 模型中的协议具有更好的隐蔽性并更容易被替换。

ISO/OSI 参考模型是在其协议被开发之前设计出来的。这意味着 ISO/OSI 模型并不是基于某个特定的协议集而设计的，因而它更具有通用性；但也意味着 ISO/OSI 模型在协议实现方面存在某些不足。而 TCP/IP 模型正好相反，先有协议，模型只是现有协议的描述，因而协议与模型非常吻合。

问题在于 TCP/IP 模型不适合其他协议栈。因此，它在描述其他非 TCP/IP 网络时用处不大。

下面我们来看看两种模型的具体差异。其中显而易见的差异是两种模型的层数不一样：

ISO/OSI 模型有七层，而 TCP/IP 模型只有四层。两者都有网络层、传输层和应用层，但其他层是不同的。两者的另外一个差别是有关服务类型方面。ISO/OSI 模型的网络

层提供面向连接和无连接两种服务，而传输层只提供面向连接服务。TCP/IP 模型在网络层只提供无连接服务，但在传输层却提供两种服务。

综上所述，使用 ISO/OSI 模型（去掉会话层和表示层）可以很好地讨论计算机网络，但是 OSI 协议并未流行。TCP/IP 模型正好相反，其模型本身实际上并不存在，只是对现存协议的一个归纳和总结，但 TCP/IP 协议却被广泛使用。

二、IEEE 网络规范

IEEE（美国电子电器工程协会）于 1980 年 2 月发的规范，简称为 IEEE 802 规范。此网络规范，不仅应用于帧类型，还用于连接、网络介质、错误校验算法、加密、融合技术等等。所有这些规范都是在 IEEE"项目 802"小组领导下制定的，该小组致力于标准化网络的物理部件。在 OSI 模型由 ISO 标准化之前，IEEE 已开发了这些标准。但 IEEE 802 标准仍被应用于 OSI 模型的各层。

为允许多个网络节点共享接入（与简单的点对点通信相对），IEEE 将 OSI 模型的数据链路层分割为两个子层：LLC（逻辑链路控制子层）和 MAC（介质访问控制子层），其作用分别如下：

1. 位于数据链路层上部的子层 LLC

LLC 提供了一个通用接口主要用于和上层（网络层）进行通信，并支持可靠性和流控制服务，还提供循环冗余检验校验、给帧加上传输序号等。

2. 下部子层 MAC

通常将目标计算机的物理地址添加到数据帧上。负责物理寻址和对介质访问控制方法，对高层数据进行封帧、解帧比特 bit 差错控制等。

IEEE 关于 Ethernet 和 Token Ring 技术的规范应用于数据链路层的 MAC 子层。

第六章　网络传输服务

计算机网络区别于其他单独计算机的主要地方就在于服务典型的结构化。计算机环境是由技术人员操作大量的计算机通过共享方便的通信，优化的资源等服务来互相联结在一起，当一台电脑通过互联网或通过 ISP 连接到因特网上，它就是使用了 ISP 或其他人提供的服务才进入网络的。典型的办公室环境包含很多服务。因此，本章将对网络传输服务进行分析。

第一节　传输层概述

传输层位于 OSI 的第四层，是整个网络体系结构中的关键层次之一，其根本任务是为两个主机中的应用进程提供通信服务。主要是针对用户端的需求，采用一定的手段，屏蔽不同网络的性能差异，使得用户无须了解网络传输的细节，获得相对稳定的数据传输服务。

一、传输层的位置

OSI 七层模型中的物理层、数据链路层和网络层是面向网络通信的低三层协议。传输层之上的会话层、表示层及应用层均不包含任何数据传输的功能。传输层既是七层模型中负责数据通信的最高层，又是面向网络通信的低三层和面向信息处理的高三层之间的中间层，是整个协议层次结构的核心。网络层提供系统间的数据传送，但不一定保证数据可靠地送至目的站。传输层负责端到端的通信，它利用网络层的服务和运输实体的功能，向上一层提供服务。其任务是提供进程间端到端的、透明的、可靠的、价格合理的数据传输，而与当前网络或使用的网络无关。

二、传输层的作用

传输层的位置在网络边缘，属于端到端的层次。传输层协议处在计算机网络中端系统之间，为应用层提供可靠的端到端的通信和运输连接，传输层为高层用户屏蔽了下面通信子网（网络核心）的细节，如网络采用的拓扑结构、所采用的网络协议等，通过运输协议，把尽力交付的不可靠的网络服务演变成为支持网络应用可靠的网络服务。

传输层是计算机网络层次中关键的层次，从 OSI 的七层网络体系结构和现在的五层网络体系结构层次看，传输层起着承上启下的功能。用网络边缘和网络核心来描述计算机网络，传输层位于网络边缘，提供网络边缘与网络核心的接口和连接。传输层传输的协议数据单元称为报文段（Message Segment）。有了传输层后，应用于各种网络的应用程序能够采用一个标准的原语集来编写，而不必担心不同的子网接口和不可靠的数据传输。

传输层除了要为应用进程提供复用和分用，还要为应用报文提供差错检测，包括传输数据出错、丢失，应答数据丢失、重复、失序、超时等。运输协议要为端系统提供流量控制，并对尽力交付的网络提供拥塞控制等。还有运输连接建立与连接释放、连接控制和序号设置等。

根据应用层协议的要求，传输层要提供两种不同的运输协议，即面向连接的和无连接的。在 TCMP 协议簇中，分别是面向连接可靠的协议 TCP，以及无连接不可靠的协议 UDP。

三、传输服务质量

从另一个角度来讲，可以将传输层的主要功能看作是增强网络层提供的服务质量（Quality of Service，QoS）、QoS 用来描述服务的性能好坏，服务质量可以由一些特定的参数来描述。运输协议运行的环境涉及整个通信子网，网络层的服务用户是运输服务，允许用户在建立连接时对各种服务参数指定希望的、可接受的最低限度值，有些参数可以用于无连接的传输服务。传输层根据网络服务的种类或它能够获得的服务来检查这些参数，决定能否提供应用层进程所要求的服务。传输层服务质量的参数有连接建立延迟、连接建立失败的概率、吞吐率、传输延迟、残余误码率、安全保护、优先级、恢复功能等。

网络服务质量参数的设定时间是在传输用户请求建立连接时设定的。传输层通过检查服务质量参数可以立即发现其中某些参数值是无法达到的。传输层和运输用户进行服务质量参数确定的过程称为选项协商（Option Negotiation）。若某些参数值不能满足要求，传输层会在连接建立时向远端主机发出降低服务质量的参数值要求，并进行协商，若最低参数值也不能接受，则运输连接无法建立。

四、传输服务原语

传输服务原语不仅形式化描述了传输层接口，它也是传输用户（如应用程序）访问传输服务的工具和方法，每种传输服务都有各自的访问原语。

1. 简单传输服务原语

为了对传输服务有个大概了解。这五个原语虽然只描述了传输接口的框架，但它们说明了面向连接的传输接口的本质。这五个原语对多数应用程序来说已经够用了。

为了弄清楚如何使用这些原语，下面介绍一个涉及一台服务器和多个远程客户的应用实例。首先，服务器执行一条监听（LISTEN）原语，一般是通过调用一个库例程，从而引发一系列调用以阻塞服务器，直到有客户服务请求出现为止。当一个客户试图与服务器对话时，它便执行一条连接（CONNECT）原语。传输实体在执行这条原语时要阻塞该客户并向服务器发送一个数据分组。在该分组的有效载荷中封装的是传输给服务器传输实体的传输层报文。服务器的传输实体收到连接原语发来的连接请求 TPDU 后，检查服务器是否阻塞于侦听状态（即可以处理请求），若是，则唤醒服务器，并向发出连接请求的客户回送一个接受连接的 TPDU；在该 TPDU 到达后，客户被唤醒，连接即告建立。

连接建立后就可以使用发送（SEND）原语和接收（RECEIVE）原语交换数据了。建立连接的任何一方均可执行一条 RECEIVE 原语（本机阻塞）等待对方执行 SEND 原语。当 TPDU 到达后接收方解除阻塞，对 TPDU 进行处理并发送应答信息。只要双方能够保持收发的协调，该模式便能很好地运行。

当一个连接不再需要时，必须将其断开以释放两个传输实体内的表现空间。释放连接有两种方式：非对称的和对称的。在非对称方式中，相互连接的传输用户中的任何一方均能执行断开（DISCONNECT）、原语、向远端的传输实体发送释放连接的 TPDU，一旦该 TPDU 到达连接即被释放。

在对称方式中，连接的每一方单独关闭，相互独立。当一方执行了 DISCONNECT 原语后，意味着它不再发送数据，但仍能够接收对方的数据。在这种模式中，只有连接的双方均执行了 DISCONNECT 原语后，连接才能被完全释放。

2. 伯克利套接字（Berkeley Sockets）

另外一套经常使用的传输层原语，它延续了前一例子中的模式，并提供了更多的特点和灵活性。

SOCKET 原语用于创建一个新的通信端点并在传输实体内为其分配表空间，同时设置所用的地址格式，希望的服务类型和协议。SOCKET 调用成功将返回一个普通文件描述符，以用于后继的调用。OPEN 调用与此调用类似，新建立的通信端点没有地址，需要使用 BIND 原语来赋值，一旦服务器为一通信端点赋予一个地址，远端的客户便能够与之连接了。

接下来是调用 LISTEN 原语，为试图与服务器建立连接的多个客户分配接受请求队列的空间。与简单传输服务原语中的 LISTEN 原语相比，在套接字模型中，LISTEN 原语是非阻塞调用。

为了接受一个新来的连接，服务器执行一条 ACCEPT 原语。当请求连接的 TPDU 到达后，传输实体便以和最初的通信端点相同的属性建立一个新的端点，并为其返回一个文件描述符；接着服务器可以产生一个进程或线程来处理与新端点的连接，而自己又回去等待与最初端口的下一次连接。

客户方也必须先用 SOCKET 原语建立一个套接字，但不必再用 BIND 原语，因为该端点所用地址对服务器来说无关紧要。CONNECT 原语阻塞连接请求者并主动开始建立连接的进程，当它完成时（例如，当它从服务器收到了适当的 TPDU），客户进程被唤醒，连接即告建立。这样，双方就均能用 SEND 和 RECEIVE 原语通过完全的双向连接来发送和接收数据了。使用套接字的连接释放是对称的。当建立连接的双方均执行 CLOSE 原语后，该连接即被释放。

第二节　传输控制协议 TCP

TCP 协议在不可靠的网络服务上提供可靠的、面向连接的端到端传输服务。TCP 协议最早是在 RFC793 中定义的，而随着时间的推移，发现了原有协议的错误和不完善的地方，对 TCP 协议的一些最新改进包括在 RFC2018 和 RFC2581 中。

使用 TCP 协议进行数据传输时必须首先建立一条连接，数据传输完成之后再把连接释放掉。TCP 采用套接字（Socket）机制来创建和管理连接，一个套接字的标识包括两部分：主机的 IP 地址和端口号。为了使用 TCP 连接来传输数据，必须在发送方的套接字与接收方的套接字之间明确地建立一个 TCP 连接，这个 TCP 连接由发送方套接字和接收方套接字来标识，即四元组：源 IP 地址，源端口号，目的 IP 地址，目的端口号。

TCP 连接是全双工的。这意味着 TCP 连接的两端主机都可以同时发送和接收数据。由于 TCP 支持全双工的数据传输服务，这样可以确认在反方向的数据流中捎带。

TCP 连接是点对点的。点对点表示 TCP 连接只发生在两个进程之间，一个进程发送数据，同时只有一个进程接收数据，因此 TCP 不支持广播和多播。

TCP 连接是面向字节流的。这意味着用户数据没有边界，TCP 实体可以根据需要合并或分解数据报中的数据。例如，发送进程在 TCP 连接上发送 4 个 512 字节的数据，在接收端用户接收到的不一定是 4 个 512 字节的数据，可能是 2 个 1024 字节或 1 个 2048 字节的数据，接收者并不知道发送者的边界，若要检测数据的边界，必须由发送者和接收者共同约定，并且在用户进程中按这些约定来实现。

一、TCP 概述

与 UDP 不同，TCP 是一种面向流的协议。在 UDP 中，把一块数据发送给 UDP 以便进行传递。UDP 在这块数据上添加自己的首部，这就构成了数据报，然后再把它传递给 IP 来传输。这个进程可以一连传递好几块数据给 UDP，但 UDP 对每一块数据都是独立对待，而并不考虑它们之间的任何联系。

TCP 则允许发送进程以字节流的形式来传递数据，而接收进程也把数据作为字节流来接收。TCP 创建了一种环境，它使得两个进程好像被一个假想的"管道"所连接，而这个管道在 Internet 上传送两个进程的数据，发送进程产生字节流，而接收进程消耗字节流。

由于发送进程和接收进程产生和消耗数据的速度并不一样，因此 TCP 需要缓存来存储数据。在每一个方向上都有缓存，即发送缓存和接收缓存。另外，除了用缓存来处理这种速度的差异，在发送数据前还需要一种重要的方法，即将字节流分割为报文段。报文段是 TCP 处理的最小数据单元（报文段的长度可以是不等的）。

二、TCP 报文格式

TCP 报文段包括协议首部和数据两部分，协议首部的固定部分有 20 个字节，首部中各字段的设计体现了传输控制协议 TCP 的全部功能，协议首部的固定部分后面为选项部分，可以是 4N 个字节，在默认情况下选项部分可以没有。

1. 源端口号和目的端口号

源端口号和目的端口号各占两个字节，是应用层和传输层之间的服务接口，也可以理解为服务访问点地址 TSAP，为网络中的一个逻辑地址，传输层的复用和分用功能需要通过端口实现。

2. 序号

占四个字节。TCP 是面向数据流的。TCP 传送的报文可看成连续的数据流。TCP 把在一个 TCP 连接中传送的数据流中的每一个字节都编上一个序号。整个数据的起始序号在连接建立时设置。首部中的序号字段的值则指的是本报文段所发送的数据的第一个字节的序号。

例如，一报文段的序号字段的值是 301，而携带的数据共有 100 个字节。这表明本报文段的数据的最后一个字节的序号应当是 400，下一个报文段的数据序号应当从 401 开始，因而下一个报文段的序号字段值应为 401。

3. 确认号

占 4 个字节。确认号字段的值给出的是期望收到的下一个报文段是第一个数据字节的序号，该字段也实现了累计确认和捎带确认。

例如，若确认序号字段值为 601，则表明字节序号为 601-1=600，以前的数据字节均收到了，希望接收字节序号为 601 开始的报文段。

4. 数据偏移

数据偏移用于指出 TCP 报文段首部的长度，占 4 位，数据偏移的单位是 32 位字，即 4 个字节，数据偏移的最大值是 60 个字节，也就是说 TCP 首部的最大长度为 60 个字节。TCP 首部的固定部分为 20 个字节，则 TCP 首部的选项部分的长度最多为 40 字节。

5. 保留

占 6 位，保留为今后使用，但目前应置为 0。

6. 标志位

有 6 个标志位，用于控制设置或标识报文段，有些标志位需要配合使用。

（1）紧急比特 URG（URGent）

用于指示紧急数据字段是否有效。当 URG=1 时，表明紧急指针字段有效。它告知系统此报文段中有紧急数据，应尽快传送（相当于高优先级的数据），而不要按原来的排队顺序来传送。例如，已经发送了很长的一个程序要在远地的主机上运行，但后来发现了一些问题，需要取消该程序的运行，于是用户从键盘发出中断命令（Control+C），如果不使用紧急数据，那么这两个字符将存储在接收 TCP 级存的末尾，只有在所有的数据被处理完毕后这两个字符才被交付到接收应用进程，这样做就浪费了许多时间。

当使用紧急比特并将 URG 置为 1 时，发送应用进程就告知发送 TCP 这两个字符是紧急数据。于是发送 TCP 就将这两个字符插入到报文段的数据的最前面，其余的数据都是普通数据。这时要与首部中的"紧急指针"（Urgent Pointer）字段配合使用。

紧急指针指出在本报文段中的紧急数据的最后一个字节的序号。紧急指针使接收方知道紧急数据共有多少个字节。紧急数据到达接收端后，当所有紧急数据都被处理完时，TCP 就告知应用程序恢复到正常操作。需要注意的是，即使窗口为零时也可发送紧急数据。

（2）确认比特 ACK

用于指示确认号字段是否有效。只有当 ACK=1 时，确认号字段才有效；当 ACK=0 时，确认号无效。

（3）推送比特 PSH（PsSH）

用于要求马上发送数据。当两个应用进程进行交互式通信时，有时在一端的应用进程希望在建入一个命令后立即就能收到对方的响应。在这种情况下，TCP 就可以使用推送（push）操作。这时，发送端 TCP 将推送比特 PSH 置为 1，并立即创建一个报文段发送出去。接收端 TCP 收到推送比特置 1 的报文段，就尽快地交付给接收应用进程，而不必再等到整个缓存都填满了后再向上交付。PSH 比特也可以叫作急迫比特。

虽然应用程序可以选择推送操作，但推送操作还是很少使用。TCP 可以选择或不选择这个操作。

（4）复位比特 RST（ReSeT）

用于对本 TCP 连接进行复位。当 RST=1 时，表明 TCP 连接中出现严重差错（如由于主机崩溃或其他原因），必须释放连接，然后再重新建立运输连接。复位比特还用来拒绝一个非法的报文段或拒绝打开一个连接。复位比特也称为重建比特或重置比特。

（5）同步比特 SYN

用于建立 TCP 连接。当 SYN=1 而 ACK=0 时，表明这是个连接请求报文段。对方若同意建立连接，则应在相应的报文段中置 SYN=1 和 ACK=1，因此，同步比特 SYN 置为 1，就表示这是一个连接请求或连接接受报文。

（6）终止比特 FIN（FINal）

用于连接释放。当 FIN=1 时，表明此报文段的发送端的数据已发送完毕，并要求释放运输连接。

7. 窗口

占 2 个字节。窗口字段用来控制对方发送的数据量，单位为字节。计算机网络通常是用接收端接收能力的大小来控制发送端的数据发送，TCP 也是这样。TCP 连接的一端根据设置的缓存空间大小确定自己的接收窗口大小，然后通知对方以确定对方发送窗口的上限。

8. 检验和

占 2 个字节。检验和字段检验的范围包括首部和数据这两部分。同 UDP 用户数据报一样，在计算检验和时，要在 TCP 报文段的前面加上 12 个字节的伪首部。但应将伪首部第 4 字段中的 17 改为 6（TCP 的协议号是 6），将第 5 字段中的 UDP 长度改为 TCP 长度。接收端收到此报文段后，仍要加上这个伪首部来计算检验和。若使用 IPv6，则相应的伪首部也要改变。

9. 选项

长度可变。TCP 只规定了一种选项，即最大报文段长度 MSS（Maximum Segment Size）。MSS 告诉对方 TCP：“我的缓存所能接收的报文段的数据字段的最大长度是 MSS 个字节。”当没有使用该选项时，TCP 的首部长度是 20 个字节。

MSS 的选择行不太简单。若选择较小的 MSS 长度，网络的利用率就降低。设想在极端的情况下，当 TCP 报文段只含有 1 个字节的数据时，在 IP 层传输的数据包的开销至少有 40 个字节（包括 TCP 报文段的首部和 IP 数据报的首部）。这样，对网络的利用率就不会超过 1/41，到了数据链路层还要加上一些开销。但反过来，若 TCP 报文段非常长，那么在 IP 层传输时就有可能要分解成多个短数据报片。在目的站要将收到的各个短数据报片装配成原来的 TCP 报文段。当传输出错时还要重传。这些也都会使开销增大。

一般认为，MSS 应尽可能大些，只要在 IP 层传输时不需要再分片就行。在连接建立的过程中，双方都将自己能够支持的 MSS 写入这一字段。在以后的数据传送阶段，MSS 取双方提出的较小的那个数值。若主机未填写这项，则 MSS 的默认值是 536 字节长。因此，所有在因特网上的主机都能接受的报文段长度是 536+20=556 字节。

三、TCP 协议的可靠性

TCP 是一种可靠的传输协议。其可靠性体现在它可保证数据按序、无丢失、无重复地到达目的端。TCP 报文段首部的数据编号和确认字段为这种可靠性传输提供了保障。

TCP 协议是面向字节的。TCP 将所要传送的整个报文（可能包括许多个报文段）看成是一个个字节组成的数据流，并使每一个字节对应于一个序号。在连接建立时，双方要商定初始序号。TCP 每次发送的报文段的首部中的序号字段数值表示该报文段中的数据部分的第一个字节的序号。

注意：接收站点在收到发送方发来的数据后依据序号重新组装所收到的报文段。这是因为在一个高速链路与低速链路并存的网络上，可能会出现高速链路上的报文段比低速链路上的报文段提前到达的情况，此时就必须依靠序列号来重组报文段，以保证数据可以按序上交应用进程。这就是序列号的作用之一。

TCP 的确认是对接收到的数据的最高序号（即收到的数据中的最后一个序号）进行确认。但返回的确认序号 ACK 是已收到的数据的最高序号再加一，该确认号既表示对已收数据的确认，同时表示期望下次收到的第一个数据字节的序号。

在实际通信中，存在着超时和重传两种现象。若在传输过程中丢失了某个序号的报文段，导致发送端在给定的时间段内得不到相应的确认序号，则就确认该报文段已被丢失并要求重传。已发送的 TCP 报文段会被保存在发送端的缓冲区中，直到发送端接收到确认序号才会消除缓冲区中的这个报文段。这种机制称为肯定确认和重新传输，它是许多通信协议用来确保可信度的一种技术。

序号的另一个作用是消除网络中的重复包（同步复制）。例如，在网络阻塞时，发送端迟迟没有收到接收端发来的对于某个报文段的 ACK 信息，它可能会认为这个序号的报文段丢失了。于是它会重新发送这一报文段，这种情况将会导致接收端在网络恢复正常后收到两个同样序号的报文段，此时接收端会自动丢弃重复的报文段。

序号和确认号为 TCP 提供了一种纠错机制，从而提高了 TCP 的可靠性。

四、TCP 的连接和控制管理

TCP 是面向连接的协议。传输连接是用来传送 TCP 报文的。TCP 的传输连接的建立和释放是每一次面向连接的通信中必不可少的过程。因此，传输连接就有三个阶段，即连接建立、数据传送和连接释放。传输连接的管理就是使传输连接的建立和释放都能正常地进行。

1. 连接建立

TCP 以全双工方式传送数据。当两个机器中的两个 TCP 进程建立连接后，它们应当都能够同时向对方发送报文段。在连接建立过程中要解决以下三个问题：

（1）要使每一方能够确知对方的存在。

（2）要允许双方协商一些参数（如最大报文段长度、最大窗口大小、服务质量等）。

（3）能够对运输实体资源（如缓存大小、连接表中的项目等）进行分配。

TCP 的连接建立采用客户机 / 服务器模式，主动发起连接建立的应用进程叫作客户机，而被动等待连接建立的应用进程叫作服务器，服务器进程一直处于运行状态。

设主机 A 要与主机 B 通信，在主机 A 与主机 B 建立连接的过程中，要完成以下三个动作：

（1）主机 A 向主机 B 发送请求报文段，宣布它愿意建立连接，报文段首部中同步比特 SYN 置 1，同时选择一个序号 x，表明在后面传送数据时的第一个数据字节的序号是 x+1。

（2）主机 B 发送报文段确认 A 的请求，确认报文段中应将 SYN 和 ACK 都置为 1，确认号应为 x+1，同时也为自己选择一个序号 y。

（3）主机 A 发送报文段确认 B 的请求，确认报文段中 ACK 置为 1，确认号为 y+1，而自己的序号为 x+1。TCP 的标准规定，SYN 置为 1 的报文段要消耗掉一个序号。

连接建立采用的这种过程叫作三次握手（又叫三向握手），涉及 TCP 协议数据单元中的序号字段、确认序号字段和标志字段中的 SYN 位、ACK 位。

主机 A 发出连接请求，但因连接请求报文丢失而未收到确认。主机 A 于是再传一次。后来收到了确认，建立了连接。数据传输完毕后，就释放了连接。主机 A 共发送了两个连接请求报文段，其中，第二个到达了主机 B。

现在假定出现了另一种情况，即主机 A 发出的第一个连接请求报文段并没有丢失，而是在某些网络节点滞留时间太长，以致延误到在这次的连接释放以后才传送到主机 B。本来这是一个已经失效的报文段。但主机 B 收到此失效的连接请求报文段后，就误认为是主机 A 又发出一次新的连接请求。于是就向主机 A 发出确认报文段，同意建立连接。

主机 A 由于并没有要求建立连接，因此，不会理会主机 B 的确认，也不会向主机 B 发送数据。但主机 B 却以为运输连接就这样建立了，并一直等待主机 A 发来数据。主机 B 的许多资源就这样白白浪费了。采用三次握手可以防止上述现象的发生。在上面所述的情况下，主机 A 不会向主机 B 的确认发出确认，主机 B 收不到确认，连接就建立不起来。

2. 释放连接

传输数据的双方中的任何一方都可以关闭连接。当一个方向的连接被终止时，另外一方还可继续向对方发送数据。因此，要在两个方向都关闭连接就需要四个动作，释放连接的过程被称为四次握手。

（1）主机 A 发送报文段，宣布愿意终止连接，并不再发送数据。TCP 通知对方要释放从 A 到 B 这个方向的连接，将发往主机 B 的 TCP 报文段首部的终止比特 FIN 置为 1，其序号 x 等于前面已传送过的数据的最后一个字节的序号加 1。

（2）主机 B 发送报文段对 A 的请求加以确认。其报文段序号为 y，确认号为 x+1。在此之后，一个方向的连接就关闭了，但另一个方向的并没有关闭。主机 B 还能够向 A 发送数据。

（3）当主机 B 发完它的数据后，就发送报文段，表示愿意关闭此连接。

（4）主机 A 确认 B 的请求。连接释放采用的这种过程叫作四次握手（又叫四向握手），涉及 TCP 数据单元中的序号字段、确认序号字段和标志字段中的 FIN 位、ACK 位。

一般来说，TCP 连接的关闭有如下三种情况。

1）本方启动关闭

收到本方应用进程的关闭命令后，TCP 在发送完尚未处理的报文段后，发 FIN=1 的报文段给对方，且 TCP 不再受理本方应用进程的数据发送。在 FIN 以前发送的数据字节，包括 FIN，都需要对方确认，否则要重传，注意 FIN 也占一个顺序号。

一旦收到对方对 FIN 的确认以及对方的 FIN 报文段，本方 TCP 就对该 FIN 进行确认，再等待一段时间，然后关闭连接。等待是为了防止本方的确认报文丢失，避免对方的重传报文干扰新的连接。

2）对方启动关闭

当 TCP 收到对方发来的 FIN 报文时，发 ACK 确认此 FIN 报文，并通知应用进程连接正在关闭，应用进程将以关闭命令响应。TCP 在发送完尚未处理的报文段后，发一个 FIN 报文给对方 TCP，然后等待对方对 FIN 的确认，收到确认后关闭连接。若对方的确认未及时到达，在等待一段时间后也关闭连接。

3）双方同时启动关闭

连接双方的应用进程同时发出关闭命令，则双方 TCP 在发送完尚未处理的报文段后，发送 FIN 报文。各方 TCP 在 FIN 前所发送的报文都得到确认后，发送 ACK 确认它收到的 FIN。各方在收到对方对 FIN 的确认后，同样要等待一段时间再关闭连接，这称为同时关闭（Simultaneous Close）。

五、TCP 的流量控制和拥塞控制

1. 流量控制

TCP 流量控制是通过协议数据单元中的接收窗口字段来实现的。该字段给出接收方的接收缓冲区当前可用的字节数，告诉发送方可以发送报文段的字节数是来自接收方的流量控制。

接收窗口有时也称为通知窗口。但是发送方可以发送报文段的字节数还与拥塞窗口有联系，拥塞窗口是由发送方根据自己估计的网络拥塞程度设置的，是来自发送方的流量控制和拥塞控制，在实际应用时取两个窗口中的最小值作为发送方可以发送的字节数，即发送窗口上限值 =Min[rwnd, cwnd] 式中，rwnd 为接收窗口，cwnd 为拥塞窗口。当 rwnd<cwnd 时，是接收端的接收能力限制发送窗口的最大值。但当 cwnd<rwnd 时，则是网络的拥塞限制发送窗口的最大值。也就是说，TCP 发送端的发送速率是受目的主机或网络中较慢的一个制约。即 rwnd 和 cwnd 中较小的一个控制着数据的传输。

TCP 通过接收窗口与接收方可以接收的容量联系，通过拥塞窗口与网络可以容纳的容量联系。

TCP 采用大小可以变化的滑动窗口进行流量控制。发送窗口在连接建立时由双方协商，在通信过程中，接收方可以根据资源情况，随时调整发送方的发送窗口值。

2. 拥塞控制

当数据传输所需要的网络资源超过网络可以提供的资源时，就要出现网络拥塞的现象，通常是数据包丢失增多，网络中传输时延增大。1999 年在 RFC 2581 中给出了用于拥塞控制的四种算法，即慢开始、拥塞避免、快重传和快恢复。

TCP 的拥塞控制是比较复杂的，是对拥塞窗口的值进行动态的调控，采用慢速启动、快速增长的机制，即由小到大逐渐增大发送方拥塞窗口的值，使往网络中发送数据单元的速率更加合理。

根据 MSS 值，先将拥塞窗口值设置为一个 MSS 的数值，为方便说明原理，用报文段的个数作为窗口大小的单位，并假定接收方窗口足够大，发送方发送数据单元的速率只与发送方拥塞窗口大小有关。

在一开始，发送端先设置 cwnd=1，发送第一个报文段 M。接收端收到后发回 ACK(表示期望收到下一个报文段 M)。发送端收到 ACK 后，将 cwnd 从 1 增大到 2，于是发送端可以接着发送 M 和 M2 两个报文段。接收端收到后发回 ACK2 和 ACKs。

可见慢开始的"慢"并不是指 cwnd 的增长速率慢。即使 cwnd 增长得很快，同一开始就将 cwnd 设置为较大的数值相比，使用慢开始算法可以使发送端在开始发送时向网络注入的分组数大大减少，这对防止网络出现拥塞是个非常有力的措施。

为了防止拥塞窗口 cwnd 的增长引起网络拥塞，还需要另一个状态变量，即慢开始阈值 ssthresh(临界值或门限值)。慢开始阈值 ssthresh 的用法如下所示：

当 cwnd<ssthresh 时，使用慢速启动算法。

当 cwnd>ssthresh 时，停止慢速启动算法，使用拥塞避免算法。

当 cwnd=ssthresh 时，既可使用慢速启动算法，也可使用拥塞避免算法。

拥塞避免算法的设计思路是:拥塞窗口值超过阈值以后，按线性规律增加（加性增）拥塞窗口值，即每经过一个往返时延 RTT，拥塞窗口增加一个 MSS 的大小，使拥塞窗口缓慢增大，以防止网络过早出现拥塞。这里的拥塞避免不是指完全可以避免拥塞，而是指采用加性增算法会使网络不容易出现拥塞。

拥塞的判断方法是发送方没有按时收到 ACK，或是收到了重复的 ACK，此时需要把慢速启动门限值快速下降（乘性减），设置为出现拥塞时发送窗口值的一半，然后把拥塞窗口值重新设置为一个 MSS，开始新一轮的慢速启动算法。以上拥塞控制的过程可以归纳为三个阶段，即慢启动（Slow Start）、加性增（Additive Increase）、乘性减（Multiplicative Decrease）。

注意:这里的乘性减是指不论是在慢启动阶段，还是拥塞避免阶段，一旦出现超时，即出现一次拥塞，就要把门限值减半，设置为当前拥塞窗口的值的一半，当网络拥塞频繁出现时，门限值下降得很快。

（1）当 TCP 连接进行初始化时，将拥塞窗口设置为 1。慢开始门限的初始值设置为 16 个报文段，即 ssthresh=16。发送端的发送窗口不能超过拥塞窗口 cwnd 和接收端窗口 rwnd 中的最小值。假定接收端窗口足够大，因此，现在发送窗口的数值等于拥塞窗口的数值。

（2）在执行慢开始算法时，拥塞窗口 cwnd 的初始值为 1。以后发送端每收到一个对新报文段的确认 ACK，就将发送端的拥塞窗口加 1，然后开始下一次的传输。因此，拥塞窗口 cwnd 随着传输次数按指数规律增长。当拥塞窗口 cwnd 增长到慢开始门限值 ssthresh 时（即当 cwnd=16 时），就改为执行拥塞避免算法，拥塞窗口按线性规律增长。

（3）设定拥塞窗口的数值增长到 24 时，网络出现超时（表明网络拥塞了）。更新后的 ssthresh 值变为 12（即发送窗口数值 24 的一半），拥塞窗口再重新设置为 1，并执行慢开始算法。当 cwnd=12 时改为执行拥塞避免算法，拥塞窗口按线性规律增长，每经过一个往返时延就增加一个 MSS 的大小。

对拥塞控制的进一步改进是快重传和快恢复。快重传的思路是：若发送方收到三个重复的 ACK 后，就可以判断有报文段丢失，就要立即重传丢失的报文段 M，而不必继续等待为该丢失报文段设置的超时计时器到达超时值，快重传可以实现尽早重传丢失的报文段。

快恢复与快重传配合使用，在采用乘性减算法时，网络出现拥塞时，将拥塞窗口降低为 1，再执行慢启动算法，存在的问题是网络不能很快恢复到正常工作状态，需要通过快恢复算法解决这一问题，其具体步骤如下：

（1）当发送端收到连续三个重复的 ACK 时，就重新按照"乘性减"重新设置慢开始门限 ss-thresh，这一点和慢开始算法是一样的。

（2）与慢开始不同之处是拥塞窗口 cwnd 不是设置为 1，而是设置为 ssthresh+3XMSS，这样做的理由是：发送端收到三个重复的 ACKs 表明有三个分组已经离开了网络，它们不会再消耗网络的资源。这三个分组是停留在接收端的缓存中（接收端发送出三个重复的 ACK 就证明了这个事实）。可见现在网络中并不是堆积了分组而是减少了三个分组。因此，将拥塞窗口扩大些并不会加剧网络的拥塞。

（3）若收到的重复的 ACK 为 n 个（n>3），则将 cwnd 设置为 ssthresh+nX MSS。

（4）若发送窗口值还容许发送报文段，就按拥塞避免算法继续发送报文段。

（5）若收到了确认新的报文段的 ACK，就将 cwnd 缩小到 ssthresh，在采用快恢复算法时，慢开始算法只是在 TCP 连接建立时才使用。

采用这样的流量控制方法使得 TCP 的性能有明显的改进。

六、TCP 的重传机制

若在传输过程中出现错误，发送方就要重传数据单元。TCP 在每发送一个报文段时，同时为该报文段设置一次计时器。只要计时器设置的重传时间已到但还没有收到确认，就需要重传该报文段。

由于 TCP 的下层是一个互联网环境，发送的报文段可能是只经过一个高速率的局域网，但也可能是经过多个低速率的广域网，并且 IP 数据报所选择的路由还可能会发生变化。

第三节　用户数据报协议 UDP

一、UDP 协议的特点

用户数据报协议（User Datagram Protocol，UDP）是 TCP/IP 协议簇中的无连接的传输层协议，只在 IP 数据报服务上增加很少的功能。UDP 提供了端口号字段，可以实现应用进程的复用和分用，UDP 也提供了校验和计算，可以实现包括伪协议头和 UDP 用户数据报的校验。这里说的伪协议头，是指校验计算的范围，包括了网络层 IP 数据报的一部分内容。

UDP 的特点有：

1. 在发送数据报文段之前不需要建立连接，好处是可以节省连接建立所需要的时间，有些应用层协议是不需要建立连接的，在有些情况下，也是无法或不能建立连接的，如在对网络进行故障检测时。

2.UDP 采用尽力交付为应用层提供服务，协议简单，协议首部仅有 8 个字节，不需要维持包含许多参数、复杂的状态表。

3.UDP 不支持拥塞控制，网络出现拥塞时，就简单地丢掉数据单元，有些应用层的应用需要有很低的时延，对在网络出现拥塞时丢失少量的数据单元是可以容忍的，如 IP 电话。

4.UDP 是面向报文的，对应用程序交下来的报文不再划分为若干个报文段来发送。这就要求应用程序要选择大小合适的报文。

5.UDP 支持一对多、一对一、多对多和多对一的交互通信。

UDP 可以通过 ICMP 进行报文传输过程中的出错处理，发送 ICMP 报文，通告报文在网络中传输遇到的问题，如"目的端口不可达"ICMP 报文。

二、UDP 报文格式

UDP 的首部很简单，只有 8 个字节，由 4 个字段组成，每个字段都是 2 个字节，存储和处理开销远小于 TCP 数据报段 20 个字节的头部开销。这些字段是：

1.源端口（Source Port）字段和目的端口（Destination Port）字段各占 16bit，分别用来说明发送方进程和接收方进程的端口号。

2.长度（Length）字段占 16bit，用于指示 UDP 数据报的字节长度（包含头部和数据），最小值为 8，也就是说数据域长度可以为 0。

3.校验和（Checksum）字段占 16bit，是可选字段，不使用校验和功能时，该字段全填成 0，使用时用于对 UDP 数据报进行校验。

三、UDP 协议的校验和

用户数据报协议（UDP）校验和的计算方法比较特别，在计算校验和时要在 UDP 数据报之前增加 12 个字节的伪首部，之所以称为伪首部是因为它并不是 UDP 真正的首部，只是在计算校验和时使用，既不向下传送，也不向上递交。伪首部临时与 UDP 用户数据报连接在一起，形成临时的用户数据报，按照这个临时的 UDP 用户数据报计算出校验和。UDP 的校验和是把首部和数据部分一起检验。

UDP 的校验和是用字长为 16 位的反码求和算法，在计算校验和时，需要用到一个 12 字节的伪头部。伪头部包括源 IP 地址字段（4 字节）、目的 IP 地址字段（4 字节）、保留字段（1 字节）、协议字段（1 字节）和 UDP 长度字段（2 字节）。其中源 IP、目的 IP 和协议字段来自 IP 数据报头，保留字段是一个全 0 字节，UDP 的协议代码为 17，UDP 长度字段与 UDP 数据报头部中的长度、字段是相同的。

UDP 计算校验和的方法与 IP 数据报头部校验和的计算方法相似。在发送方，先将校验和字段设置为全 0，再将伪头部和 UDP 数据报分为 16bit 的数据块，若 UDP 数据报的数据部分不是偶数个字节，则要填入一个全 0 字节（但此字节不发送）。然后所有的 16bit 数据块计算累加和，最后再对和取反，结果写入校验和字段。接收方将收到的 UDP 数据报连同伪头部一起重新计算求和，若结果为全 1 则表示 UDP 数据报无误，否则说明收到的 UDP 数据报有错，接收方只是简单地将 UDP 数据报丢弃，并不向源报告错误。

伪头部只用于计算校验和，将伪头部参与校验的目的是进一步证实数据被送到了正确的目的地。尽管校验和字段是一个可选项，但大多数的实现都允许这个选项，因为 IP 只对 IP 数据报头进行校验，如果 UDP 也不对数据内容进行校验，那么就要由应用层来检测链路层上的传输错误了。

第七章　网络应用技术

计算机及网络应用技术的普及和发展给我们的生活带来了极大的便利，但是随着其高速发展也产生了一些相关的问题，这就要求我们在选择网络应用技术时有一个更清晰、专业的认识。因此，本章将对网络应用技术进行分析。

第一节　应用层概述

应用层包括各种满足用户需要的应用程序，某些应用的使用范围十分广泛，有关国际标准化组织已经进行了标准化，如文件传输等，它们都属于 OSI 模型应用层的范畴。

应用层又被划分成几个子层和元素，这些元素称为应用服务元素（Application Service Element，ASE），如联系控制服务元素（Association Control Service Element，ACSE）、可靠传输服务元素（Reliable Transfer Service Element，RTSE）、远程操作服务元素（Remote Operations Service Element，ROSE）等，这些元素统称为公共应用服务元素；另一类服务元素与特定的应用相关，如文件传送、访问和管理（FTAM）、报文处理系统（MHS）等，这些元素被称为特殊应用服务元素（Special Application Service Element，SASE）。

一、应用层模型和功能

1. 应用层模型

（1）应用进程（AP）

一个应用进程包括用户开发的应用软件以及通信软件。在计算机分层协议网络中，应用进程总有一部分在 OSI 环境之外，另一部分在 OSI 环境之内。在 ISO/OSI 标准中，把前者仍称为应用进程，而把后者称为用户元素 UE。有时候将 AP 称为"应用进程"，而将"AP+UE"称为"广义应用进程"。

（2）应用实体（AE）

应用实体由一个用户元素（User Element，UE）和一组应用服务元素（Application Service Element，ASE）组成。应用服务元素可以分为两类，一类是公共应用服务元素（CASE），另一类是特殊应用服务元素（SASE）。由于在 CASE 和 SASE 之间很难有十分清楚的区分界限，因此正式公布的 OSI 标准中只使用应用服务元素 ASE 这一名称，相当于 CASE。

在应用层模型中，虽然应用进程和应用实体各画出一个，但它们之间并不一定是一一对应关系，一个完成多功能的应用进程往往需要包括多个不同类型的实体 AE。于是，一个应用进程可对应一个或多个应用实体，而一个应用实体可包含一个或多个应用服务元素。

（3）用户元素（UE）

因为 UE 是广义应用进程的一部分，也是应用实体的一部分，那么 UE 无非是 AP 与应用实体间的接口。用户元素是应用服务元素的用户，是应用进程 AP 在应用实体内部为完成其通信目的需要使用哪些应用服务元素的处理单元，是应用进程的代表。对应用进程来说，用户元素具有发送接收能力；对应用服务元素来说，用户元素也具有发送和接收能力。应用进程通过 UE 与应用实体进行通信。

（4）应用服务元素（ASE）

公共应用服务元素（CASE）是用户元素和特殊应用服务元素公共使用的那部分服务元素。因此，公共应用服务元素提供给各种特殊应用服务元素和用户元素都是通用的服务，这些服务与应用的性质无关。

特殊应用服务元素（SASE）提供满足特定应用的特殊需求的能力。例如，文件传送、访问和管理、远程数据库访问、作业传送、银行事务等。因此，特殊应用服务元素专门对特定应用提供服务，它与特定应用的性质和业务内容密切相关，是特有的。

2. 应用层功能

应用层是 OSI 参考模型中最高的一个功能层，它是开放系统互联环境（OSI 环境）与本地系统的操作系统和应用系统直接接口的一个层次。在功能上，应用层为本地系统的应用进程（AP）访问 OSI 环境提供手段，也是唯一直接给应用进程提供各种应用服务的层次。根据分层原则，应用层向应用进程提供的服务是 OSI 参考模型的所有层直接或间接提供服务的总和。

计算机通信网的最终目的是为用户提供一些特定的服务，使得本地系统能与外界系统协调合作。为了实现这种协调，应用层一方面为应用进程提供彼此通信的手段，也就是为其创建 OSI 环境；另一方面，由于各种应用类型的多样性，应用层协议也必定是多种多样的，为了减少应用系统与外界通信的复杂性，在应用层内应配置尽可能多的、公用或专用的应用服务元素 ASE，供应用系统根据需要调用。所谓应用服务元素就是各种应用都需要的功能成分，是应用层的基本构件。

不同的应用协议可以采用相同的低层通信协议，实际上，应用进程之间的通信问题在传输层就已经基本解决了。至于在传输层上增加会话层和表示层，是因为 OSI 参考模型的设计者认识到不同类型的应用进程在相互通信时表现出许多相似的特征，把这些相似的特征提取出来，分别设立会话层和表示层，这样就可以简化应用进程的设计和实现。

二、文件传送、访问和管理

OSI 的文件传送访问和管理（File Transfer Access and Management，FTAM）由三部分组成：虚拟文件存储器定义、文件服务定义和文件协议规范。

虚拟文件存储器为计算机的文件系统定义了一个标准的体系结构，虚拟文件存储器与具体的文件系统无关，这个体系结构包括文件的属性以及对文件和文件元素所允许的操作等。文件结构包括文件访问结构、文件表示结构、传送语法和识别结构等。属性有文件属性和活动属性两大类。FTAM 中有三组文件属性：核心组、存储组和安全组。活动属性只与活动中的文件服务有关，活动属性也同样分为核心组、存储组和安全组。

文件服务定义了用户对虚拟文件存储器可以进行的操作和服务，包括允许用户和文件存储器提供者建立对方的识别；识别用户的文件，并建立用户许可来访问文件；建立描述所要访问的文件结构的属性，并建立对其他用户关于此文件的并发访问的控制；允许用户访问当前所选择文件的属性或内容等。

FTAM 协议定义了实现文件服务的所有约定，FTAM 的文件协议有两个等级，即基本协议和差错恢复协议。

第二节　Internet 的地址

一、Internet 地址概述

1.Internet 地址的意义及构成

Internet 将位于世界各地的大大小小的物理网络通过路由器互联起来，形成一个巨大的虚拟网络。在任何一个物理网络中，各个站点的机器都必须有一个可以识别的地址，才能在其中进行信息交换，这个地址称为"物理地址"。网络的物理地址给 Internet 统一全网地址带来了两个方面的问题：第一，物理地址是物理网络技术的一种体现，不同的物理网络，其物理地址的长短、格式各不相同，这种物理地址管理方式给跨越网络通信设置了障碍。第二，一般来说，物理网络的地址不能修改，否则，将与原来的网络技术发生冲突。

Internet 针对物理网络地址的现实问题采用由 IP 协议完成"统一"物理地址的方法。IP 协议提供了一种全网统一的地址格式。在统一管理下，进行地址分配，保证一个地址对应一台主机，这样，物理地址的差异就被 IP 层所屏蔽。因此，这个地址称为"Internet 地址"，也称为"IP 地址"。

在 Internet 中，IP 地址所要处理的对象比局域网复杂得多，所以必须采用结构编址。地址包含对象的位置信息，采用的是层次型的结构。

2.IP 地址的划分

根据 TCP/IP 协议规定，IP 地址长度为 32 位二进制，为了方便用户理解与记忆，通常采用 x.x.x.x 的格式来表示，每个 x 为 8 位二进制表示的十进制数值。例如，202.113.29.119，每个的值为 0~255。这种格式的地址称为点分十进制地址。

如何将这 32 位的信息合理地分配给网络和主机作为编号，看似简单，意义却很重大。因为各部分的位数一旦确定，就等于确定了整个 Internet 中所包含的网络数量以及各个网络所能容纳的主机数量。

在 Internet 中，网络数量是难以确定的，但是每个网络的规模却比较容易确定。从局域网到广域网，不同种类的网络规模差别很大，必须有加以区别。Internet 管理委员会按照网络规模的大小，将 Internet 的 IP 地址分为五类：A、B、C、D、E。IP 地址中的前五位用于标识 IP 地址的类别，A 类地址的第一位为"0"，B 类地址的前两位为"10"，C 类地址的前三位为"110"，D 类地址的前四位为"1110"，E 类地址的前五位为 11110"。其中，A 类、B 类与 C 类地址为基本的 IP 地址。除此之外，还有两种次要类型的地址，一种是专供多目传送用的多目地址 D，另一种是扩展备用地址 E。由于 IP 地址的长度限定于 32 位，因此类标识符的长度越长，可用的地址空间就越小。

这样，32 位的 IP 地址就包括了三个部分：地址类别、网络号和主机号。

（1）地址类别

IP 地址的编码规定：全 0 地址表示本地网络或本地主机。全 1 地址表示广播地址，任何网站都能接收。所以除去全 0 和全 1 地址外：

A 类地址，其网络地址空间长度为 7 位，主机地址空间长度为 24 位。A 类地址的范围是：1.0.0.0~127.255.255.255。由于网络地址空间长度为 7 位，因此允许有 126 个不同的 A 类网络（网络地址的 0 和 127 保留用于特殊目的）。同时，由于主机地址空间长度为 24 位，因此每个 A 类网络有 2^{24}（即 1600 多万）个主机地址。A 类 IP 地址结构适用于有大量主机的大型网络。

B 类地址，网络地址空间长度为 14 位，主机地址空间长度为 16 位。B 类地址的范围是：128.0.0.0~191.255.255.255。由于网络地址空间长度为 14 位，因此允许有 2^{14}（16384）个不同的 B 类网络。同时，由于主机地址空间长度为 16 位，因此每个 B 类网络有 2 的 16 次方（65536）个主机地址。B 类 IP 地址适用于一些国际性大公司与政府机构等。

C 类地址，其网络地址空间长度为 21 位，主机地址空间长度为 8 位。C 类 IP 地址的范围是：192.0.0.0~223.255.255.255。由于网络地址空间长度为 21 位，因此允许有 2^{21}（2 百多万）个不同的 C 类网络。同时，由于主机地址空间长度为 8 位，因此每个 C 类网络的主机地址数最多为 256 个。C 类 IP 地址特别适用于一些小公司与普通的研究机构。

D 类 IP 地址不标识网络，它的范围是：224.0.0.0~239.255.255.255。D 类 IP 地址用于其他特殊的用途，如多目的地址广播。

E 类 IP 地址暂时保留，范围为：240.0.0.0~247.255.255.255。E 类地址保留研究用。

（2）网络号

网络号的规定如下：

1）对于 Internet 来说，网络编号必须唯一。

2）网络号不能以十进制数 127 开头，在 A 类地址中，127 开头的 IP 地址留作网络诊断服务专用。

3）网络号的第一段不能全部设置为 1，此数字留作广播地址使用。第一段也不能全部设置为 0，全为 0 表示本地址网络号。

根据规定，十进制数表示时，A 类地址第一段范围为 1~126；B 类地址第一段范围为 128~191；C 类地址第一段范围为 192~223。

（3）主机号

主机编号的规定如下：

1）对于每一个网络编号来说，主机编号是唯一的。

2）主机号的各个位不能全部设置为 1，全为 1 的编号作为广播地址使用，主机编号各个位也不能都设置为 0。

所有 IP 地址都由 Internet 网络信息中心分配，世界上目前有三个网络信息中心。

● Inter NIC：负责美国及其他地区

● ENIC：负责欧洲地区

● APNIC：负责亚太地区

任何网络若想加入 Internet，首先必须向网络信息中心 NIC 申请一个 IP 地址。

3.IP 地址管理

IP 地址的最高管理机构称为"Internet 网络信息中心"。即 Inter NIC（Internet Network Information Center），专门负责向提出 IP 地址申请的网络分配网络地址，然后，各网络再在本网络内部对其主机号进行本地分配。Inter NIC 由美国国际电话电报公司（AT&T）拥有和控制，可以通过电子邮件地址 mailserv@ds.internic.net 访问 Inter NIC。

Internet 的地址管理模式是层次式结构，管理模式与地址结构相对应。层次型管理模式既解决了地址的全局唯一性问题，也分散了管理负担，使各级管理部门都承担着相应的责任。在这种层次型的地址结构中，每一台主机均有唯一的 IP 地址，全世界的网络正是通过这种唯一的 IP 地址而彼此取得联系。因此，用户在入网之前，一定要向网络部门申请一个地址以避免造成网络上的混乱。

二、子网技术

出于对网络管理、性能和安全方面的考虑，许多单位把较大规模的单一网络划分为多个彼此独立的物理网络，并使用路由器将它们连接起来。子网划分技术能够使一类网络地址横跨几个物理网络，并将这些物理网络统称为子网。

1. 划分子网的原因

划分子网的原因主要包括以下几个方面：

（1）充分使用地址

由于 A 类网或 B 类网的地址空间太大，造成在不使用路由设备的单一网络中无法使用全部地址，比如，对于一个 B 类网络"172.17.0.0"，可以有 219 个主机，这么多的主机在单一的网络下是不能工作的，因此，为了更有效地使用地址空间，有必要把可用地址分配给更多较小的网络。

（2）划分管理职责

划分子网更易于管理网络。当一个网络被划分为多个子网时，每个子网就变得更易于管理与协调。每个子网的用户、计算机及其子网资源可以由不同的管理员进行管理，减轻了网络管理员管理大型网络的超大负载。

（3）提高网络性能

在一个网络中，随着网络用户数量的增长、主机数量的增加以及网络业务的不断增值，网络通信也将变得非常繁忙。繁忙的网络通信很容易导致冲突、丢失数据包以及造成数据包重传等问题，不仅增加了网络开销，还降低了主机之间的通信效率。如果将一个大型的网络划分为若干个子网，通过路由器将其连接起来，对于减少网络拥塞就非常有效。这些路由器就像一堵墙把各个子网物理性隔离开，使本地网的通信不会转发到其他子网中。同一子网中主机之间彼此进行广播和通信，只能在各自的子网中进行。

另外，利用路由器的隔离作用还可以将网络划分为内、外两个子网，并限制外部网络用户对内部网络的访问，进一步提高内部子网的安全性。

2. 子网划分的层次结构和划分方法

（1）子网划分的层次结构

IP 地址总共 32 位，按照对每个位的划分，可以知道某个 IP 地址属于哪一个网络（网络号）以及是哪一台主机（主机号）。因此，IP 地址实际上是一种层次型编址方案。对于标准的 A 类、B 类和 C 类 IP 地址来说，它们只具有两层结构，即网络号和主机号，这种两层地址结构并不完善。前面已经提到，对于一个拥有 B 类地址的单位来说，必须将其进一步划分成若干个小的网络使得 IP 地址得到充分利用，否则不但会造成 IP 地址的大量浪费，还会降低网络运行和管理的效率。

（2）子网的划分方法

子网划分的基础是将网络 IP 地址中原属于主机地址的部分进一步划分成网络地址（子网地址）和主机地址。子网划分实际上就是产生了一个中间层，形成了一个三层的地址结构，即网络号、子网号和主机号。通过网络号确定了一个站点，通过子网号确定一个物理子网，而通过主机号则确定了与子网相连的主机地址。因此，一个 IP 数据包的路由涉及三部分：传送到站点、传送到子网、传送到主机。

3. 子网掩码

子网掩码（Subnet Mask）是一种用来指明在一个 IP 地址中哪些位标识的是主机所在的子网，哪些位标识的是主机的位掩码。子网掩码不能单独存在，它必须结合 IP 地址一起使用。子网掩码只有一个作用，就是将某个 IP 地址划分成网络地址和主机地址两部分。

同样采用"点分十进制"的方式表示 32 位二进制数，通过子网掩码可以指出一个 IP 地址中的哪些位对应网络地址（包括子网地址），以及哪些位对应主机地址。

关于子网掩码的取值，通常是将对应 IP 地址中网络地址（网络号和子网号）的所有位都设置为"1"，对应主机地址（主机号）的所有位都设置为"0"。标准的 A 类、B 类、C 类地址都有一个默认的子网掩码。

TCP/IP 对子网掩码和 IP 地址进行"按位与"的操作来识别网络地址，给出了如何使用子网掩码来识别它们之间的不同。标准的 B 类地址，其默认的子网掩码为

255.255.0.0，而划分子网后的 B 类地址，其子网掩码为 255.255.255.0（主机号中的 8 位，用于子网，因此，网络号与子网号共计使用了 24 位）。经过按位与运算可以将每个 IP 地址的网络地址取出，从而知道两个 IP 地址所对应的网络。

在上面所说的例子中，涉及的子网掩码都属于边界子网掩码，即使用主机号中的整个一个字节划分子网。因此，子网掩码的取值不是 0 就是 255。然而，在实用中对于划分子网来说，更多会使用非边界子网掩码，即使用主机号中的某几位划分子网。因此，子网掩码除了 0 和 255 外，还有其他数值。例如，对于一个 B 类网络 172.25.0.0，若将第 3 个字节的前三位用于子网号，将剩下的位用于主机号，则子网掩码为 255.255.224.0。因为使用了 3 位分配子网，所以这个 B 类网络 172.25.0.0 被分为 8 个子网，每个子网有 13 位可用于主机的编址。

4. 子网虚拟划分技术

因为在使用多个交换机互联（堆叠）形成一个较大局域网时，子网的物理划分会受到一定限制。因此在这种情况下，采用交换机上的虚拟网技术，实现局域网虚拟划分（VLAN）。虚拟局域网指的是在一个较大规模的平面物理的局域网上，根据用途、工作组、应用业务等不同对网络实现逻辑划分。一个逻辑网络称为一个 VLAN，一个 VLAN 是一个独立的广播域。

VLAN 不仅可以按交换机端口进行划分，也可以根据 MAC 地址划分、IP 地址划分以及按协议划分等。划分时既可以采用静态方式进行，也可以采用动态方式进行。

（1）按 MAC 地址划分

VLAN 的划分基于设备的 MAC 地址，是按要求将某些设备的 MAC 地址划分在同一个 VLAN 中，交换机跟踪属于自己 VLAN 的 MAC 地址。是一种基于用户的网络划分方式，因为 MAC 地址是在用户计算机的网卡上。

（2）按 IP 地址划分

每个 VLAN 都和一段独立的 IP 网段相对应，将 IP 网段的广播域和 VLAN 一对一地结合起来。用户可以在该 IP 网段内移动工作站而不会改变 VLAN 所属关系，便于网络的管理。

（3）按数据包网络协议划分

VLAN 按网络层协议来划分，将某种协议的应用划分为同一个 VLAN，这样的划分会使一个广播域横跨多个交换机。这对于希望集中某种应用或服务组织用户的网络管理员来说是一种十分方便有利的划分机制。

第三节　电子邮件

一、电子邮件概述

电子邮件（Electronic Mail，E-mail）同 FTP 应用一样，也是最早出现在阿帕网中，是传统邮件的电子化。电子邮件诞生在 1971 年，当时在 BBN 公司服务的雷·汤姆林森发现虽然网络已经连接上了，但还缺少一种简单方便的交流工具，于是他开发了一个可以在网络上发送邮件的系统（Send Msg）。该软件分为两个部分：一部分是内部机器使用的电子邮件软件；另一个部分是用于文档传送的软件（Cpy NET）。

电子邮件的符号为 @，即为 "at" 的意思。也就是说，不论你在（at）什么地方，电子邮件都可以发送到。1972 年 7 月，大名鼎鼎的 Larry Roberts 开发了第一个电子邮件管理软件，功能包括列表、选读、转发和回复，这种邮件管理系统同现在的邮件系统几乎没什么区别。

到了 1973 年，ARPA 的研究表明 ARPAnet 网 75% 的流量是电子邮件带来的，电子邮件开始成为 ARPA 网研究人员之间主要的交流工具。1976 年 2 月，英国女王伊丽莎白二世发出一封电子邮件，让电子邮件走到了普通用户的面前。

1987 年 9 月 20 日，钱天白教授发出我国第一封电子邮件 "越过长城，通向世界"，揭开了中国人使用电子邮件的序幕。

电子邮件是一种普遍的交流方式，但不是唯一的交流方式。1979 年使用 UUCP 协议建立起来的 USENET 就是一种非常著名的应用，并且逐渐发展成了全球最大的讨论组。讨论内容从早期的与计算机技术相关的论题，到现在成为一个无所不含的全球社区。

电子邮件是传统邮件的电子化。它的诱人之处在于传递迅速、风雨无阻，比人工邮件快了许多。通过连接全世界的 Internet，可以实现各类信号的传送、接收、存储等处理，将邮件送到世界的各个角落。到目前为止，可以说电子邮件是 Internet 资源使用最多的一种服务，电子邮件不局限于信件的传递，还可用来传递文件、声音及图形、图像等不同类型的信息。

电子邮件不是一种 "终端到终端" 的服务，而是被称为 "存储转发式" 服务。这正是电子信箱系统的核心，利用存储转发可进行非实时通信，属于异步通信方式。即信件发送者可随时随地发送邮件，不要求接收者同时在场，即使对方现在不在，仍可将邮件立刻送到对方的信箱内，且存储在对方的电子邮箱中。接收者可在他认为方便的时候读取信件，不受时空限制。另外，电子邮件还可以进行一对多的邮件传递，同一邮件可以一次发送给许多人。最重要的是，电子邮件是整个网络间以至所有其他网络系统中直接面向人与人之间信息交流的系统，它的数据发送方和接收方都是人，所以极大地满足了大量存在的人与人通信的需求。

在这里，"发送"邮件意味着将邮件放到收件人的信箱中，而"接收"邮件则意味着从自己的信箱中读取信件，信箱实际上是由文件管理系统支持的一个实体。因为电子邮件是通过邮件服务器（Mail Server）来传递文件的。通常邮件服务器是执行多任务操作系统的计算机，提供 24 小时的电子邮件服务，用户只要向管理人员申请一个信箱账号，就可使用这项快速的邮件服务。

Internet 电子邮件的另一特点是可靠性极高。原因在于 Internet 电子邮件建立在 TCP 基础上，而 TCP 是能提供端到端可靠连接的。假如客户和服务器之间未成功建立 TCP 连接，并将邮件成功发送到服务器邮箱中，客户就不会将待发邮件从发送缓冲区删除。

由于上述优点，电子邮件深受用户欢迎。出乎阿帕网设计者意料，人与人之间电子邮件的通信量一开始就大大超出进程间的通信量，使电子邮件成为阿帕网上最繁忙的业务。因此，后来出现的通用的网络体系结构，几乎均把电子邮件作为一个重要的应用，纳入自己的协议族。

二、电子邮件的功能

电子邮件系统至少应具有以下功能：

1. 报文生成（Composition）

这是电子邮件系统中用户界面的重要内容。它帮助用户写作和编辑邮件，并为邮件加入地址和其他大量控制信息。

2. 传输（Transfer）

这是电子邮件系统中独立于用户的部分，解决报文的传输问题。在 ISO/OSI 体系结构中，报文传输建立在表示层之上，它的具体操作包括建立连接、输出报文和释放连接等。

3. 报告（Reporting）

负责向发送者报告报文发送进展（是否送到、是否被拒绝、是否丢失等）。这一功能在许多需要确认的场合是至关重要的。

4. 转换（Conversion）

在发送端将信息转换成适合于在接收者终端上显示或打印的格式。

5. 格式化（Formatting）

解决报文在接收者终端上的格式化显示问题，对报文显示格式的最直接处理方式是：电子邮件系统传来未格式化报文，由用户调用格式化程序进行处理，再调用显示程序（如编辑器）对格式化文件进行阅读。这种处理方式对无经验的用户是很头疼的。最好是电子邮件系统能提供直接显示格式化报文的工具，操作就大大简化了。

6. 报文处置（Disposition）

对应于报文生成，是电子邮件系统用户界面的另一重要方面。帮助接收者处理所收到的报文，包括立即扔掉、读完扔掉、读完后保存、阅读旧报文及转发报文等。

三、电子邮件的工作原理

电子邮件的工作过程遵循客户端/服务器模式。每份电子邮件的发送都要涉及发送方与接收方，发送方构成客户端，而接收方构成服务器，服务器拥有众多用户的电子信箱。发送方通过邮件客户程序，将编辑好的电子邮件向邮局服务器（SMTP 服务器）发送；邮局服务器识别接收者的地址，并向管理该地址的邮件服务器（POP3 服务器）发送消息；邮件服务器将消息存放在接收者的电子信箱内，并告知接收者有新邮件到来；接收者通过邮件客户程序连接到服务器后，就会看到服务器的通知，进而打开自己的电子信箱来查收邮件。

ISP 主机起着"邮局"的作用，管理着众多用户的电子信箱。每个用户的电子信箱实际上就是用户所申请的账号名。每个用户的电子信箱都要占用 ISP 主机一定容量的硬盘空间。

第四节　万维网

WWW（World Wide Web）的中文名为万维网，它是 Internet 发展中的一个里程碑。WWW 服务是 Internet 上最方便与最受用户欢迎的信息服务类型，它的影响力已经远远超出了专业技术范畴，并已经进入电子商务、远程教育、远程医疗与信息服务等领域。

一、Web 浏览器

Web 浏览器是一个交互式应用程序。浏览器读取服务器上的某个页面，并以适当的格式在屏幕上显示页面。页面一般由标题、正文等信息组成。连接到其他页面的文本超链接将会以突出方式（如带下划线或另外一种颜色）显示，当用户将鼠标指针移到超链接上时，鼠标指针将会变成手形，点击鼠标就可以使浏览器显示新的页面内容。

控制器接收来自键盘或鼠标的输入，并调用各种客户程序来访问服务器。当浏览器从服务器获取 Web 页面后，控制器调用解释器处理网页。浏览器支持的客户程序可以是 FTP、Telnet、SMTP 或者 HTTP 等。解释程序可以是 HTML Java Script 或 Java，取决于页面中文档的类型。WWW 页面上除一般的文本（不带下划线的）和超文本（带下划线的）外，还包括音频、图像、动画以及视频等多媒体信息，而这些多媒体信息也可以链接到其他页面，即构成超链接，单击这些超链接同样可以使浏览器显示新的页面内容。

许多 WWW 页面包含大量的图片，下载需要花费很长的时间。例如，通过一条 28.9kbps 的电话线路下载一幅 640×480、真彩色（24 比特/像素）的未压缩图片（922KB）时，需要花 4 分钟时间。为了解决图片下载速度慢的问题，大部分浏览器都是先显示文本信息，然后才显示图像。这样，浏览器在下载图片时，用户可以阅读文本信息，如果用户对图片不感兴趣，也可以在下载完文本信息时就中止图片的下载。另外，还可以采取另外一种处理方法，即先让浏览器以低分辨率显示图片，然后再逐渐完善图片的显示，这样用户就可以快速浏览图片以决定是否继续下载图片。事实上，许多浏览器一般还提供让用户选择是否自动下载图片以及如何处理图片的选项操作。浏览器一般都使用本地磁盘来缓存已抓取的页面。浏览器在抓取某个页面前，首先查看该页面是否已在本地缓存中。如果是，再检查它是否更新过。如果没有更新，就无须重新下载该页面。因此，在浏览器中单击 Back（后退）按钮浏览前一个页面一般比较快。

二、超文本与超媒体

要想了解 WWW 必须了解超文本（Hypertext）和超媒体（Hypermedia）的概念，因为它们正是 WWW 的信息组织方式。

长期以来，人们都在研究如何对信息进行组织。其中最常见和最古老的方式就是人们所读的各种书。它采用一种有序的方式，从书的第一页到最后一页有序地向人们讲授有关知识。计算机以及基于计算机信息的出现对这种方式造成了很大的冲击，人们不断地推出新的信息组织方式，方便对各种信息的访问。

人们常说的用户界面设计实际上就是信息组织方式的问题。信息和用户之间的界面是一个菜单，用户在看到最终信息之前，总是浏览于菜单之间，当用户选择了代表信息的菜单后，菜单消失，取而代之的是信息内容，用户看完内容后，又重新回到菜单之中。

超文本较之上述的普通菜单有了重大改进，它将菜单集成于文本信息之中，是一种集成化菜单系统。用户直接看到的是文本信息本身，在浏览的同时，随时可以选中其中的菜单，确切地应称之为"热字"（而这些热字往往是上下文关联的单词），跳转到其他文本信息。超文本正是在文本中包含了与其他文本的链接而形成了它的最大特点：无序性。

超媒体进一步扩展了超文本所链接的信息类型，用户不仅能从一个文本跳转到另一个文本，而且可以激活一段声音，显示一个图形，甚至可以播放一段动画。目前市场上的多媒体电子书大都采用这种方式来组织信息。例如，当用户点中屏幕上显示的钢琴照片时，便能听到演奏钢琴的声音，而选中某人的姓名时便能看到其照片。超媒体正是通过这种集成化菜单系统将多媒体信息联系在一起的。

超文本和超媒体通过将菜单集成于信息之中，使得用户的注意力集中于信息本身，消除了用户对菜单理解的二义性，并能将多媒体信息有机地结合在一起，因此得到了广泛应用。由于习惯上的问题，目前超文本和超媒体的界限已经很模糊，通常所指的超文本一般也包括超媒体的概念。

三、URL 和信息定位

WWW 使用统一资源定位器（Uniform Resource Locators，URL）来定位信息所在位置。这种标准的信息定位格式具有更强的表达能力，几乎可以显示 Internet 上所有的信息和服务。URL 由 3 个部分组成：第 1 部分表示访问信息的方式或使用的协议，如 FTP 表示使用文件转换协议进行文件传输，HTTP 表示使用超媒体传输协议访问HTML 文件；第 2 部分表示提供服务的主机名及主机上的合法用户名；第 3 部分是所访问主机的端口号、路径或检索数据库的关键词等。

四、超文本传送协议

WWW 系统基于客户机／服务器模式，服务器上负责对各种信息按超媒体的方式进行组织，并形成一个文件存储于服务器，当客户端提出访问请求时，负责向用户发送该文件，客户部分接收到文件后，解释该文件，显示于用户的计算机上。

客户端和服务器之间的传输协议称为超文本传送协议（Hyper Text Translation Protocol，HTTP），所以 WWW 服务器有时也叫 HTTP 服务器。

HTTP 服务器的 TCP 端口 80 始终处于监听状态，以便发现是否有浏览器向它发出建立连接的请求，一旦监听到建立连接的请求，并建立了 TCP 连接后，浏览器就向服务器发出浏览某个页面的请求，服务器查找到该页面后，返回所请求的页面作为响应。通信结束，释放 TCP 连接。

HTTP 协议规定了在浏览器和服务器之间的请求和响应的交互过程必须遵守的规则。

第五节　文件传输协议

文件传输协议（File Transfer Protocol，FTP），FTP 是它的简称，是一种专门用于在网络上的计算机之间传输文件的协议。通过该协议，用户可以将文件从一台计算机上传输到另一台计算机上，并保证其传输的可靠性。FTP 是应用层协议，采用了 Telnet 协议和其他低层协议的一些功能。

无论两台与 Internet 相连的计算机在地理位置上相距多远，通过 FTP 协议，用户都可以将一台计算机上的文件传输到另一台计算机上。

FTP 方式在传输过程中不对文件进行复杂的转换，具有很高的效率。不过，这也造成了 FTP 的一个缺点：用户在文件下载到本地之前无法了解文件的内容。无论如何，Internet 和 FTP 完美结合，让每个联网的计算机都拥有了一个容量无穷的备份文件库。

FTP 是一种实时联机服务，在进行工作时用户首先要登录到对方的计算机上，登录后仅可以进行与文件搜索和文件传输有关的操作。但是使用 FTP 几乎可以传输任何类型的文件：文本文件、二进制可执行程序、图像文件、声音文件、数据压缩文件等。

与大多数 Internet 服务一样，FTP 也是一个客户机 / 服务器系统。用户通过一个支持 FTP 协议的客户机程序，连接到在远程主机上的 FTP 服务器程序。用户通过客户机程序向服务器程序发出命令，服务器程序执行用户所发出的命令，并将执行的结果反馈到客户机。比如说，用户发出一条命令，要求服务器向用户传送某一个文件的一份副本，服务器会响应这条命令，将指定文件送至用户的机器上。客户机程序代表用户接收到这个文件，将其存放在用户目录中。在 FTP 的使用当中，用户经常遇到两个概念："下载"（Download）和"上传"（Upload）。"下载"文件就是从远程主机复制文件至自己的计算机上；"上传"就是将文件从自己的计算机中复制至远程主机上。用 Internet 语言来说，用户可通过客户机程序向（从）远程主机上传（下载）文件。

一、FTP 工作原理

FTP 最早的设计是支持在两台不同的主机之间传输文件，这两台主机可能运行不同的操作系统，使用不同的文件结构，并可能使用不同的字符集。但是，FTP 只支持种类有限的文件类型（如 ASCII、二进制文件类型等）和文件结构（如字节流、记录结构）。

FTP 应用需要建立两条 TCP 连接，一条为控制连接，另一条为数据连接。FTP 服务器被动打开 21 号端口，并且等待客户的连接建立请求。客户则以主动方式与服务器建立控制连接。客户通过控制连接将命令传给服务器，服务器通过控制连接将应答传给客户，命令和响应都是以 NVT ASCII 形式表示的。

而客户与服务器之间的文件传输则是通过数据连接来进行的。

二、FTP 的访问方式

FTP 支持授权访问，即允许用户使用合法的账号访问 FTP 服务。这时，使用 FTP 时必须首先登录，在远程主机上获得相应的权限以后，方可上传或下载文件。也就是说，要想同哪一台计算机传送文件，就必须具有哪一台计算机的适当授权。换言之，除非有用户 ID 和口令，否则便无法传送文件。

这种方式有利于提高服务器的安全性，但违背了 Internet 的开放性，Internet 上的 FTP 主机何止千万，不可能要求每个用户在每一台主机上都拥有账号。所以很多时候，允许匿名 FTP 访问行为。

匿名 FTP 是这样一种机制，用户可通过它连接到远程主机上，并从其下载文件，而无须成为其注册用户。系统管理员建立了一个特殊的用户 ID，名为 anonymous，Internet 上的任何人在任何地方都可使用该用户 ID。

通过 FTP 程序连接匿名 FTP 主机的方式同连接普通 FTP 主机的方式差不多，只是在要求提供用户标识 ID 时必须输入 anonymous，该用户 ID 的口令可以是任意的字符串。习惯上，用自己的 E-mail 地址作为口令，使系统维护程序能够记录下来谁在存取这些文件。

值得注意的是，匿名 FTP 不适用于所有 Internet 主机，它只适用于那些提供了这项服务的主机。

当远程主机提供匿名 FTP 服务时，会指定某些目录向公众开放，允许匿名存取。系统中的其余目录则处于隐匿状态。作为一种安全措施，大多数匿名 FTP 主机都允许用户从其下载文件，而不允许用户向其上传文件，也就是说，用户可将匿名 FTP 主机上的所有文件全部复制到自己的机器上，但不能将自己机器上的任何一个文件复制到匿名 FTP 主机上。即使有些匿名 FTP 主机确实允许用户上传文件，用户也只能将文件上传至某一指定上传目录中。随后，系统管理员会去检查这些文件，他会将这些文件移至另一个公共下载目录中，供其他用户下载，利用这种方式，远程主机的用户得到了保护，避免了有人上传有问题的文件，如带病毒的文件。

作为一个 Internet 用户，可通过 FTP 在任何两台 Internet 主机之间复制文件。但是，实际上大多数人只有一个 Internet 账户，FTP 主要用于下载公共文件。例如，共享软件、各公司技术支持文件等。

Internet 上有成千上万台匿名 FTP 主机，这些主机上存放着数不清的文件，供用户免费复制。实际上几乎所有类型的信息，所有类型的计算机程序都可以在 Internet 上找到。这是 Internet 吸引我们的重要原因之一。

第六节 网格计算

一、网格计算的引入

超级计算机经过不断发展，已经成为复杂科学计算领域的主宰。但以超级计算机为中心的计算模式存在明显的不足，而且目前正在经受挑战。超级计算机虽然是一台处理能力强大的"巨无霸"，但它造价极高，通常只有一些国家级的部门，如航天、气象等部门才有能力配置这样的设备。随着人们日常工作遇到的商业计算越来越复杂，人们越来越需要数据处理能力更强大的计算机，而超级计算机的价格显然阻止了它进入普通人的工作领域。于是，人们开始寻找一种造价低廉且数据处理能力超强的计算模式，最终科学家们找到了答案——Grid computing（网格计算）。

网格计算是伴随着互联网技术迅速发展起来的专门针对复杂科学计算的新型计算模式。这种计算模式是利用互联网把分散在不同地理位置的计算机组织成一个"虚拟的超级计算机"，其中每一台参与计算的计算机就是一个"节点"，而整个计算是由成千上万个"节点"组成的"一张网格"，所以这种计算方式叫网格计算。这样组织起来的"虚拟的超级计算机"有两个优势，一个是数据处理能力超强；另一个是能充分利用网上各个节点的闲置处理能力。

二、网格、网格节点和网格计算

网格把整个因特网整合成一台巨大的超级计算机，实现计算资源、存储资源、数据资源、信息资源、知识资源、专家资源的全面共享。当然，网格并不一定这么大，我们也可以构造地区性的网格，如企业内部网格、局域网网格，甚至家庭网格和个人网格。事实上，网格的根本特征是资源共享而不是它的规模。

网格是一个广域分布的系统，依靠高性能计算和信息服务的基础设施，将在全国范围内为各行业和社会大众提供多种一体化的高性能计算环境和信息服务。

网格节点就是网格计算资源的提供者，它包括高端服务器、集群系统、MPP 系统大型存储设备、数据库等。这些资源在地理位置上是分散的，系统具有异构特性。

网格计算通过共享网络将不同地点的大量计算机相连，从而形成虚拟的超级计算机。将各处计算机的闲余处理能力合在一起，可为研究和其他数据集中应用提供巨大的处理能力。网格计算汇聚了各种异构计算系统，形成了高性能的联合计算环境，使用网格计算可以节省购买高性能计算设备的成本和复杂计算的费用，具有广阔的应用前景，同时它能让人们透明地使用计算、存储等其他资源。有了网格计算，那些没有能力购买价值数百万美元的超级计算机的机构，也能拥有强大的计算能力。

三、云计算与网格计算区别何在

可以看出，网格计算和云计算有相似之处，特别是计算的并行与合作的特点，但它们的区别也是明显的。主要有以下几点：

第一，网格计算的思路是聚合分布资源，支持虚拟组织，提供高层次的服务，例如分布协同科学研究等。而云计算的资源相对集中，主要以数据中心的形式提供底层资源的使用，并不强调虚拟组织（VO）的概念。

第二，网格计算用聚合资源来支持挑战性的应用，这是初衷，因为高性能计算的资源不够用，要把分散的资源聚合起来；到了 2004 年以后，逐渐强调适应普遍的信息化应用，特别在中国，做的网格跟国外不太一样，就是强调支持信息化的应用。但云计算从一开始就支持广泛企业计算、Web 应用，普适性更强。

第三，在对待异构性方面，二者理念上有所不同。网格计算用中间件屏蔽异构系统，力图使用户面向同样的环境，把困难留在中间件，让中间件完成任务。而云计算实际上承认异构，用镜像执行，或者提供服务的机制来解决异构性的问题。当然不同的云计算系统还不太一样，像谷歌一般用专用的内部的平台来支持。

第四，网格计算用执行作业形式使用，在一个阶段内完成作用产生数据。而云计算支持持久服务，用户可以利用云计算作为其部分 IT 基础设施，实现业务的托管和外包。

第五，网格计算更多地面向科研应用，商业模型不清晰。而云计算从诞生开始就是针对企业商业应用，商业模型比较清晰。

第八章 Internet 接入技术

随着 Internet 技术的迅猛发展，人们对网络的需要也越来越多，人们的生活、工作、学习已经离不开网络。因此本章将从多种方面对 Internet 接入技术进行分析。

第一节 接入网概述

一、接入网的定义及特点

1. 接入网的定义

接入网（Access Network，AN）是指本地交换机与用户终端设备之间的实施网络，有时也称之为用户网（User Network，UN）或本地网（Local Network，LN）。接入网是由业务节点接口和相关用户网络接口之间的一系列传送实体组成的，为传送通信业务提供所需传送承载能力的实施系统，可经由 Q3 接口进行配置和管理。业务节点接口即 SNI（Service Node Interface），用户网络接口即 UNI（User Network Interface），传送实体是诸如线路设施和传递设施，可提供必要的传送承载能力，对用户信令是透明的，不做处理。

接入网处于通信网的末端，直接与用户连接，它包括本地交换机与用户端设备之间的所有实施设备和线路，它可以部分或全部替代传统的用户本地线路网，可含复用、交叉连接和传输功能。

根据上述结构，可以将接入网的概念进一步明确。接入网一般是指端局本地交换机或远端交换模块与用户终端设备（TE）之间的实施系统。其中端局至 FP 的线路称为馈线段，FP 至 DP 的线路称为配线段，DP 至用户的线路称为引入线，SW 称为交换机，图中的远端交换模块（RSU）和远端（RT）设备可根据实际需要来决定是否设置。接入网的研究目的就是：综合考虑本地交换局，用户环路和终端设备，通过有限的标准化接口，将各种用户终端设备接入到用户网络业务节点。接入网所使用的传输介质是多种多样的，可以灵活地支持各种不同的或混合的接入类型的业务。

2. 接入网的特点

目前国际上倾向于将长途网和中继网合在一起称为核心网（Core Network）。相对于核心网而言，余下的部分称为用户接入网，用户接入网主要完成使用户接入到核心网的任务。它具有以下特点：

（1）接入网主要完成复用、交叉连接和传输功能，一般不具备交换功能。它提供开放的 v5 标准接口，可实现与任何种类的交换设备进行连接。

（2）接入网的业务需求种类繁多。接入网除接入交换业务外，还可接入数据业务、视频业务以及租用业务等。

（3）网络拓扑结构多样，组网能力强大。接入网的网络拓扑结构具有总线形、环形、单星形、双星形、链形、树形等形式，可以根据实际情况进行灵活多样的组网配置。

（4）业务量密度低，经济效益差。

（5）线路施工难度大，设备运行环境恶劣。

（6）网径大小不一，成本与用户有关。

二、接入网的功能结构和分层模型

1. 接入网的功能结构

接入网的功能结构主要是完成用户端口功能（UPF）、业务端口功能（SPF）、核心功能（CF）、传送功能（TF）和 AN 系统管理功能（SMF）。

（1）用户端口功能（User Port Function，UPF）

用户端口功能的主要作用是将特定的 UNI 要求与核心功能和管理功能相适配。接入网可以支持多种不同的接入业务并要求特定功能的用户网络接口。具体的 UNI 要根据相应接口规定和接入承载能力的要求，即传送信息和协议的承载来确定。具体功能包括：与 UNI 功能的终端相连接、A/D 转换、信令转换、UNI 的激活 / 去激活，UNI 承载通路 / 能力处理，UNI 的测试和控制功能。

（2）业务端口功能（Service Port Function，SPF）

业务端口功能直接与业务节点接口相连，主要作用是将特定的 SNI 要求与公用承载通路相适配，以便核心功能处理，同时还负责收集有关的信息，以便在 AN 系统管理功能中进行处理。具体功能包括：终结 SNI 功能、将承载通路的需要和及时的管理及操作映射进核心功能、特殊 SNI 所需的协议映射、SNI 测试和 SPF 的维护、管理和控制功能。

（3）核心功能（Core Function，CF）

核心功能处于 UPF 和 SPF 之间，主要作用是将个别用户口承载通路或业务口承载通路的要求与公用承载通路相适配，另外还负责对协议承载通路的处理。核心功能可以分散在 AN 之中。其具体的功能包括：接入的承载处理、承载通路集中、信令和分组信息的复用、对 ATM 传送承载的电路模拟、管理和控制功能。

（4）传送功能（Transport Function，TF）

传送功能的主要作用是为 AN 中不同地点之间提供网络连接和传输媒质适配。具体功能包括：复用功能、业务疏导和配置的交叉连接功能、管理功能、物理媒质功能。

（5）接入网系统管理功能（Access Network System Management Function，AN-SMF）

接入网系统管理功能的主要作用是协调 AN 内其他四个功能（UPF，SPF，CF 和 TF）的指配、操作和维护，同时也负责协调用户终端（经过 UNI）和业务节点（经过 SNI）的操作功能。具体功能包括：配置和控制、指配协调、故障检测和指示、使用信息和性能数据收集、安全控制、对 UPF 及经 SNI 的 SN 的即时管理及操作请求的协调、资源管理。

AN-SMF 经 Q3 接口与 TMN 通信以便接受监视或接受控制，同时为了实施控制的需要也经 SNI 与 SN-SMF 进行通信。

2. 接入网的分层模型

接入网的分层模型用来定义接入网中各实体间的相互关系，该模型由接入系统处理功能（AF）、电路层（CL）、传输通道层（TP）、传输媒质层（TM）以及层管理和系统管理组成。其中接入承载处理功能层是接入网所特有的，这种分层模型对于简化系统设计、规定接入网 Q3 接口的管理目标是非常有用的。接入网中各层对应的内容如下：

（1）接入承载处理功能层：用户承载体、用户信令、控制、管理。

（2）电路层：电路模式、分组交换模式、帧中继模式、ATM 模式。

（3）传输通道层：PDH、SDH、ATM 及其他。

（4）产生媒质层：双绞电缆系统（HDSL/ADSL 等）、同轴电缆系统、光纤接入系统、无线接入系统、混合接入系统。

第二节　接入网接口及其协议

一、接入网接口的类型

接入网有三类主要接口，即用户网络接口、业务节点接口和维护管理接口。

1.用户网络接口（UNI）

UNI 是用户和网络之间的接口，位于接入网的用户侧，支持多种业务的接入，如模拟电话接入（PSTN）、N-ISDN 业务接入、B-ISDN 业务接入以及数字或模拟租用线业务的接入等。对不同的业务，采用不同的接入方式，对应不同的接口类型。

UNI 分为两种类型，即独立式 UNI 和共享式 UNI。独立式 UNI 指一个 UNI 仅能支持一个业务节点，共享式 UNI 是指一个 UNI 可以支持多个业务节点的接入。

共享式 UNI 的连接关系。一个共享式 UNI 可以支持多个逻辑接入，每个逻辑接入通过不同的 SNI 连接不同的业务节点，不同的逻辑接入由不同的用户端口功能（UPF）支持。系统管理功能（SMF）控制和监视 UNI 的传输媒质层并协调各个逻辑 UPF 和相关 SN 之间的操作控制要求。

2.业务节点接口（SNI）

SNI 是 AN 和一个 SN 之间的接口，位于接入网的业务侧。如果 AN-SNI 侧和 SN-SNI 侧不在同一地方，可以通过透明传送通道实现远端连接。通常，AN 需要支持的 SN 主要有三种情况：

（1）仅支持一种专用接入类型。

（2）可支持多种接入类型，但所有接入类型支持相同的接入承载能力。

（3）可支持多种接入类型，且每种接入类型支持不同的接入承载能力。

不同的用户业务需要提供相对应的业务节点接口，使其能与交换机相连。从历史发展的角度来看，SNI 是由交换机的用户接口演变而来的，交换机的用户接口分模拟接口（Z 接口）和数字接口（V 接口）两大类。Z 接口对应 UNI 的模拟 2 线音频接口，可提供普通电话业务或模拟租用线业务。随着接入网的数字化和业务类型的综合化，Z 接口将逐步退出历史舞台，取而代之的是 V 接口。为了适应接入网内的多种传输媒质、多种接入配置和业务类型，V 接口经历了从 V1 接口到 V5 接口的发展，其中 V1~V4 接口的标准化程度有限，并且不支持综合业务接入。V5 接口是本地数字交换机与数字用户接口的国际标准，它能同时支持多种接入业务，分为 V5.1 和 V5.2 接口以及以 ATM 为基础的 VB5.1 和 VB5.2 接口。

3. 维护管理接口（Q3）

Q3 接口是接入网（AN）与电信管理网（TMN）之间的接口。作为电信网的一部分，接入网的管理应纳入 TMN 的管理范畴。接入网通过 Q3 接口与 TMN 相连来实施 TMN 对接入网的管理与协调，从而提供用户所需的接入类型及承载能力。实际组网时，AN 往往先通过 Q3 接口连至协调设备（MD），再由 MD 通过 Q3 接口连至 TMN。

二、V5 接口及其协议

LE 是指用户先通过 AN 终端的交换机。V5 接口是 AN 与 LE 相连的 V 接口系列之一。V5 接口接入网是本地数字交换机和用户之间的实施系统，为 PSTN 业务、ISDN 业务和专线业务等电信业务提供承载能力。接入网和本地交换机之间采用 V5 接口相连。

1.V5 接口的特点

V5 接口的特点主要表现在以下几个方面：

（1）V5 接口是个开放的接口

网络运营者可以选择最好的系统设备组合，可以选择多个交换设备供应商，可以自由选择接入设备供应商，同时可使各设备厂家在硬件、软件及功能各方面展开竞争，通过竞争，使网络运营者可以得到最佳的网络功能。

（2）支持不同的接入方式

通过开放接口，本地交换机可以接纳各种接入网设备，从而使网络向有线和无线结合的方向发展。

（3）提供综合业务

例如提供语音数据、租用线等多种业务。

（4）增加安全、可靠性

可以加快业务提供和增加网络的安全性和可靠性，提高服务质量。

2.V5.1 和 V5.2 接口

V5 接口是本地数字交换机（LE）和接入网（AN）之间开放的、标准的数字接口，包括 V5.1 和 V5.2 接口。

（1）V5.1 接口

V5.1 接口由一个 2048kb/s 线路构成，交换机与接入网之间可以配置多个 V5.1 接口。V5.1 接口支持下列接入类型：模拟电话接入、基于 64kb/s 的综合业务数字网基本接入和用于半永久连接的，不加带外信令信息的其他模拟接入或数字接入。这些接入类型都具有分配的承载通路，即用户端口与 V5.1 接口内承载通路有固定的对应关系，在 AN 内无集线能力。V5.1 接口使用一个 64kb/s 的时隙传送公共控制信号，其他间隙传送语音信号。

（2）V5.2 接口

V5.2 接口根据需要可以由 1~16 条 2048kb/s 链路构成，除了支持 V5.1 接口提供的接入类型外，还可支持 ISDN 一次群速率接入。这些接入类型都具有灵活的、基于呼叫的承载通路分配，并且在 AN 内和 V5.2 接口上具有集线能力。对于模拟电话接入，既支持单个用户接入，也支持 PABX 的接入，其中用户线信令可以是 DTMF 或线路状态信令，并且对用户的补充（附加）业务没有任何影响。在 PABX 接入的情况下，也可以支持 PABX 的直接拨入（DDI）功能。对于 ISDN 接入，B 通路上的承载业务、用户终端业务以及补充业务均不受限制，同时也支持 D 通路和 B 通路中的分组数据业务。

一个接入网可以有一个或多个 V5 接口，每一个 V5 接口可以连到一个本地交换机（LE）或通过重新配置与另一个 LE 相连，也就是说它不止连到一个 LE 上。属于同一个用户的不同用户端口可以用同一个或不同的 V5 接口来配置，但一个用户端口侧只能由一个 V5 接口来服务。

3.V5 接口在接入网发展中的意义

ITU-T 于 1994 年定义了 V5 接口，并通过了相关的建议，对于接入网的发展具有巨大影响和深远意义，主要表现在以下几个方面：

（1）促进接入网的迅速发展

V5 接口是开放的数字接口，为接入网的数字化和光纤化提供了条件，也为各种传输介质的合理应用提出了统一的要求，本地交换机与接入网设备之间由模拟接口改变为数字接口，各种先进的通信技术设备能够经济地在接入网中应用，提高了通信质量。

V5 接口是一个标准化的通用接口，不同厂家生产的交换设备和不同厂家生产的接入设备可以任意连接、自由组合，有利于在平等竞争中，加快接入网技术进步，促进接入网的迅速发展。

（2）使接入网的配置灵活，提供综合业务

通过采用 V5 接口，可按照实际需要选择接入网的传输介质和网络结构，灵活配置接入设备，实施合理的组网方案。V5 接口支持多种类型的用户接入，可提供语音、数据、专线等多种业务，支持接入网提供的业务向综合化方向发展。

（3）增强接入网的网管能力

V5 接口系统具有全面的监控和管理功能，使得接入网烦琐的操作维护和管理变得有效和简便。

（4）降低系统成本

V5 接口的引入扩大了交换机的服务范围，接入网把数字信道延伸到用户附近，提供综合业务接入，这样有利于减少交换机数量，降低了用户线的成本和运营维护费用。

4.V5 接口的功能描述

（1）承载通路

该通路为 ISDN-BRA 或 ISDN-PRA 用户端口已分配的 B 通路或 PSTN 用户端口的 64kb/s 通路提供双向传输能力。

（2）ISDN D 通路信息

该信息为 ISDN-BRA 或 ISDN-PRA 用户端口的 D 通路信息提供双向传输能力。

（3）PSTN 信令信息

为 PSTN 用户端口的信令信息提供双向传输能力。

（4）定时信息

该信息提供比特传输、字节识别和帧同步必需的定时信息。

（5）用户端口控制

该功能提供每一用户端口状态和控制信息的双向传输能力。

（6）2048kb/s 链路的控制

该功能对 2048kb/s 链路的帧定位、复帧定位、警告指示和循环冗余校验 CRC 信息进行管理控制。

（7）第二层链路控制

该功能为控制协议和 PSTN 信令信息提供双向传输能力。

（8）用于支持公共功能的控制

该控制提供指配数据的同步应用和重新启动能力。

（9）BCC 协议

用于在 LE 控制下分配承载通路。

（10）业务所需的多时隙连接

它应在 V5.2 接口内的一个 2048kb/s 的链路上提供，在这种情况下，应能提供 8kHz 和时隙序列的完整性。

（11）链路控制协议

它支持 V5.2 接口的 2048kb/s 链路的管理能力。

（12）保护协议

它支持逻辑 C 通路与物理 C 通路之间适当的转换。

总之，V5 接口可支持多种接入类型，包括：模拟电话、ISDN 基本速率接口、ISDN 基群速率接口（仅 V5.2）即半永久连接租用线路（包括模拟和数字）。目前的 V5 接口主要是 V5.1 和 V5.2，都是基于 2Mb/s 的速率。

5.V5 接口协议

ITU-T 于 1994 年通过了 V5 接口协议，V5 接口协议分为 3 层 5 个子协议。

（1）V5 接口的分层结构

V5 接口分为 3 层：物理层、数据链路层和网络层，它们分别对应 OSI 七层协议的下 3 层。V5 接口物理层又称物理连接层，主要实现本地数字交换机（LE）与接入网（AN）之间的物理连接，采用广泛应用的 2.048Mb/s 数字接口，中间加入透明的数字传输链路。每个 2.048Mb/s 数字接口的电气和物理特性均应符合 ITU-T 建议 G.703，即采用 HDB3 码，采用同轴 75Q 或平衡 120Q 接口方式。V5 接口物理层帧结构应符合 1TU-T 建议 G.704 和 G.706，每帧由 32 个时隙组成，其中同步时隙（TS）主要用于帧同步，C 通路用于传送 PSTN 信令，ISDN 的 D 信道信息以及控制协议信息，话音承载通路（其余 TS）用于传送 PSTN 话音信息或 ISDN 的 B 信道信息，必须实现循环冗余校验（CRC）功能。

V5 接口数据链路层提供点到点的可靠传递，对其上层提供一个无差错的理想通道。V5 接口数据链路层仅对逻辑 C 通路而言，使用的规程为 LAPV5，其目的是将不同的协议信息复用到 C 通路上去，处理 AN 与 LE 之间的信息传递。LAPV5 基于 ISDN 的 LAPD 规程，包括封装功能子层（LAPV5-EF）和数据链路子层（LAPV5-DL）。LAPV5-EF 的帧结构是以 HDLC 的帧格式为基础构成的，来自第 3 层协议的信息经 LAPV5-DL 处理后，映射到 LAPV5-EF.V5 接口网络层又称协议处理层，主要完成 5 个子协议的处理。V5 接口规程中所有的第 3 层协议都是面向消息的协议，第 3 层协议消息的格式是一致的，每个消息应由消息鉴别语、第 3 层地址、消息类型等信息单元和具体情况而定的其他信息单元组成。

（2）V5 接口的 5 个子协议

V5.2 接口有 5 个子协议：保护协议、控制协议、链路控制协议、BCC 协议和 PSTN 协议。其中 PSTN 协议和 BCC 协议支持呼叫处理，保护协议和链路控制协议支持 LINK 管理，控制协议支持初启动/再启动、端口/接口初始化。其中 PSTN 协议和控制协议是 V5.1 接口的两个子协议。

1）PSTN 协议。PSTN 协议是一个激励型协议，它不控制 AN 中的呼叫规程，而是在 V5 接口上传送 AN 侧有关模拟线路状态的信息，并通过第 3 层地址（L3 地址）识别对应的 PSTN 用户端口。它与 LE 侧交换机软件配合完成模拟用户的呼叫处理，完成电话交换功能。

LE 通过 V5 接口负责提供业务，包括呼叫控制和附加业务。DTMF 号码信息和语音信息通过在 AN 和 LE 之间话路信道透明地传送，而线路状态信令信息不能直接通过话路信道传送，这些信息由 AN 收集，然后以第 3 层消息的形式在 V5 接口上传送。

V5 接口中的 PSTN 协议需要与 LE 中的国内协议实体一起使用。LE 负责呼叫控制基本业务和补充业务的提供。AN 应有国内信令规程实体，并处理与模拟信令识别时间、时长和振铃电路等有关的接入参数。

2）控制协议。控制协议分为端口控制协议和公共控制协议。其中，端口控制协议用于控制 PSTN 和 ISDN 用户端口的阻塞/解除阻塞等；公共控制协议用于系统启动时的变量及接口 ID 的核实、重新指配、PSTN 重启动等。

3）BCC 协议。BCC 协议支持以下处理过程：承载通路的分配与去分配、审计进程、故障通知。

4）保护协议。保护协议用于 C 通路的保护切换，这里的 C 通路包括：所有的活动 C 通路；传送保护协议 C 通路本身。保护协议不保护承载通路，保护协议的消息在主、次链路的 TS。广播传送，应根据发送序号和接收序号来识别消息的有效性、是最先消息还是已处理过的消息等。切换可由 LE（LE 管理，QLE）发起，也可由 AN（AN 管理，QAN）发起，两者的处理流程不同。

保护协议中使用序列序号复位规程实现 LE 和 AN 双方状态变量和对齐。

5）链路控制协议。链路控制协议主要规定了对 2.048Mb/s 第 1 层链路状态和相关的链路身份标识，通过管理链路阻塞/解除阻塞、链路身份标识核实链路的一致性。链路控制协议主要有 4 个程序：链路阻塞、来自 AN 的链路阻塞请求、链路解除阻塞和链路 ID 标识程序。

三、VB5 接口

ITU-T 制定的 V5.1 和 V5.2 标准接口，取得了成功运用，促进了接入网的发展。随着宽带、信息业务迅速发展，宽带综合接入网的实施和应用，V5 接口已不能满足宽带业务对 SNI 的要求。ITU-T 对宽带综合接入网结构的各类接口（如：UNI.Q3.SNI 等）进行定义，其中 SNI 被定义为 VB5 接口，该接口在接入网参考点上应用 ATM 复用/交叉连接。1998 年 6 月，ITU-T 正式通过了关于宽带综合接入网业务接点侧的 VB5.1 接口规范，1999 年 2 月又通过 VB5.2 接口规范。VB5.1 支持通过网管分配资源，而 VB5.2 还增加了在 SN 控制下的对 AN 资源的分配，实现 AN 中呼叫到呼叫的集线功能。

1.VB5 接口业务体系

VB5 接口作为宽带接入网的 SNI，按照 ITU-T 的 B-ISDN 体系，采用以 ATM 为基础的信元方式传递信息并实现相应的业务接入。

VB5 接口规定了接入网（AN）与业务节点（SN）之间的物理接口、程序及协议要求。VB5 接口可以支持 B-ISDN 以及非 B-ISDN 用户接入、基于 SDH/PDH 和基于信元的各种速率 UNI 的 B-ISDN 接入、V5 接口接入、不对称多媒体业务的接入、广播业务的接入、LAN 互联功能的接入、通过 VP 交叉连接可以支持的接入等。ATM 接入与窄带接入通过 VB5 接口与业务节点相连接，完成宽带和窄带业务的处理。

用户侧的 UNI 应是 ATM 信元格式的接口，UNI 速率有 2Mb/s，25Mb/s，51Mb/s，155Mb/s 和 622Mb/s 等，采用 2 号数字用户信令（DSS2）作用户网络信令，如果为非 B-ISDN 的 UNI 则需要加入适配功能转换成标准格式。

2.VB5 规则及功能描述

VB5 是基于 ATM 接口的，VB5 有 VB5.1 和 VB5.2 两种类型。

（1）VB5 接口的规则

1）B-ISDN 信令由接入网透明处理。

2）本地交换机生成双音多频信号和脉冲信号。

3）接入网不进行本地交换。

4）VB5.2 支持集中控制。

5）本地交换机进行所有呼叫记录和计费。

6）接入网进行用户参数控制，确保错误的用户在 VB5 接口不会误操作影响其他用户。

7）通过提供宽带用户网络接口（UND）虚拟路径到不同的交换机，实现用户网络接口配置到不同的交换机。

为使接入网能连接到多厂商的设备环境中，以便设计最为经济有效的网络方案，VB5 允许任何类型的物理接口（SDH 和 PDH），但需指出带宽的上下边界，因为这将影响到 VB5 的协议支持的地址范围。VB5 支持的数据速率为 1.5Mb/s~2.488Gb/s。

VB5 没有建立保护机制，该功能由物理接口提供，例如，如果置于接入网与交换网间的多路复用传输设备使用 SDH 环，则保护控制由 SDH 路径保护和路径追踪特性提供。

（2）VB5 提供的主要协议

1）VB5.1 控制协议：用于用户口虚拟路径连接的同步和控制。

2）VB5.2 控制协议：用于用户口虚拟信道连接的同步和控制。

3）VB5.2 承载信道控制：用于动态信令带宽配置，承载信道带宽配置和宽带服务。

可见，VB5.1 相对简单，允许灵活的虚路径连接，但没有集中和动态交换功能。VB5.2 支持灵活的虚拟路径连接和动态的虚拟信道连接，且提供在虚拟信道水平的集中控制。VB5 支持由 V5.1 和 V5.2 支持的传统的窄带服务（如传统电话业务，ISDN 基本速率接入和 ISDN 基群速率接入）及新出现的对称或非对称宽带服务。

第三节 铜线接入技术

铜线接入技术的发展表现在频段的开发利用和接入技术的演进。最初，铜线只提供传统电话业务，带宽 0~4kHz；而后的 PSTN 拨号业务，使用话带 Modem 技术传输数据，采用话带频段，速率达到 56kb/s；而 ISDN 技术，采用时复用实现数据和话音同传，将速率提高到 144kb/s；xDSL 技术的工作频段大多在话带频带之外，数据和话音同传，ADSL 的最大下行速率为 8Mb/s，VDSL 的下行速率可提高到 52Mb/s。

一、PSTN 接入技术

公用电话交换网（Public Switch Telephone Network，PSTN），也被称为"电话网"，是人们打电话时所依赖的传输和交换网络。PSTN 是一种以模拟技术为基础的电路交换网络，通过 PSTN 进行互联所要求的通信费用最低，但其数据传输质量及传输速率也最差最低，同时 PSTN 的网络资源利用率也相对较低。

通过公用电话交换网可以实现的功能有：拨号接入 Internet、Intranet 和 LAN；两个或多个 LAN 之间的互联；与其他广域网的互联。

PSTN 提供的是一个模拟的专用信息通道，通道之间经由若干个电话交换机节点连接而成，PSTN 采用电路交换技术实现网络节点之间的信息交换。当两个主机或路由器设备需要通过 PSTN 连接时，在两端的网络接入点（即用户端）必须使用调制解调器来实现信号的调制与解调转换。

从 OSI/ISO 参考模型的角度来看，PSTN 可以看成是物理层的一个简单的延伸，它没有向用户提供流量控制、差错控制等服务。而且，由于 PSTN 是一种电路交换的方式，因此，一条通路自建立、传输直至释放，即使它们之间并没有任何数据需要传送，其全部带宽仅能被通路两端的设备占用。因此，这种电路交换的方式不能实现对网络带宽的充分利用。尽管 PSTN 在进行数据传输时存在一定的缺陷，但它仍是一种不可替代的联网技术。

PSTN 的入网方式比较简单灵活，通常有以下几种选择方式：

1. 通过普通拨号电话线入网

只要在通信双方原有的电话线上并接 Modem，再将 Modem 与相应的入网设备相连即可。目前，大多数入网设备（如 PC）都提供有若干个串行端口，在串行口和 Modem 之间采用 RS-232 等串行接口规范进行通信。

Modem 的数据传输速率最大能够提供到 56kb/s。这种连接方式的费用比较经济，收费价格与普通电话的费用相同，适用于通信不太频繁的场合（如家庭用户入网）。

2. 通过租用电话专线入网

与普通拨号电话线方式相比，租用电话专线可以提供更高的通信速率和数据传输质量，但相应的费用比前一种方式高。使用专线的接入方式与使用普通拨号线的接入方式没有太大区别，但是省去了拨号连接的过程。通常，当决定使用专线方式时，用户必须向所在地的电信部门提出申请，由电信部门负责建设和开通。

二、ISDN 接入技术

综合业务数字网（Integrated Services Digital Network，ISDN），俗称"一线通"，是普通电话（模拟 Modem）拨号接入和宽带接入之间的过渡方式。目前在我国只提供 N-ISDN（窄带综合业务数字网）接入业务，而基于 ATM 技术的 B-ISDN（宽带综合业务数字网）尚未开通。

ISDN 接入 Internet 与使用 Modem 普通电话拨号方式类似，也有一个拨号的过程。不同的是，它不用 Modem 而是用另一设备 ISDN 适配器来拨号，另外普通电话拨号在线路上传输模拟信号，有一个 Modem "调制"和"解调"的过程，而 ISDN 的传输是纯数字过程，通信质量较高，其数据传输比特误码率比传统电话线路至少改善十倍，此外，它的连接速度快，一般只需几秒钟即可拨通。

1.ISDN 接入用户端设备

ISDN 接入在用户端主要应用两类终端设备，一个是必不可少的统一专用终端设备 NT1，即多用途用户 - 网络接口，ISDN 所有业务都通过 NT1 来提供；另一类是用户设备，有计算机、ISDN 电视会议系统、PC 桌面系统（包括可视电话）、ISDN 小交换机、ISDN 路由器、ISDN 拨号服务器、数字电话机、四类传真机、ISDN 无线转换器等。

对于用户设备中的非 ISDN 设备（如计算机）必须配置 ISDN 适配器，将其转换连接到 ISDN 线路上。ISDN 适配器和 Modem 一样又分为内置和外置两类，内置的一般称为 ISDN 内置卡或 ISDN 适配卡，而外置的则称为 TA。

2.ISDN 接入方式

用户通过 ISDN 接入 Internet 有如下三种方式：

（1）单用户 ISDN 适配器直接接入

此方式是 ISDN 接入中最简单的一种连接方式。将 ISDN 适配器安装于计算机（及其他非 ISDN 终端）上，通过 ISDN 适配器拨号接入 Internet。

NT1 提供两种端口，S/T 端口和 U 端口。S/T 采用 RJ45 插头，即网线接头，一般可以同时连接两台终端设备，如果有更多终端设备需要接入时，可以采用扩展的连接端口。U端口采用RJ11插头，即普通电话接头，用来连接普通话机、ISDN入户线等。

NT1一端通过RJ11接口与电话线相连，另一端通过S/T接口与ISDN适配器、ISDN设备相连，NT1为ISDN适配器提供了接口和接入方式。

由此可见，对用户而言，虽然用户端线路和普通模拟电话线路完全相同，但是用户设备不再直接与线路连接。所有终端设备都是通过S/T端口或U端口接入网络的。

（2）ISDN适配器＋小型局域网

对于小型局域网，利用ISDN上网时，须将装有ISDN适配器的计算机设为服务器，由它拨号接入Internet，连接方式与（1）中相同，其上另配一块网卡，连接内部局域网Hub，其他计算机作为客户端，从而实现整个局域网连入Internet。这种方案的最大优点是节约投资，除ISDN适配器外，无须添加任何网络设备，但速度较慢。

（3）ISDN专用交换机方式

这种接入方式适用于局域网中用户数较多（如中型企事业单位）的情况。它可用于实现多个局域网、多种ISDN设备的互联及接入Internet，这种方案比租用线路更加灵活和经济。此方式仅用NT1已不能满足需要，必须增加一个设备——ISDN专用交换机PBX，即第2类网络端连接设备NT2。NT2一端和NT1连接，另一端和电话、传真机、计算机、集线器等各种用户设备相连，为它们提供接口。

3.ISDN服务类型

ISDN是第一部定义数字化通信的协议，该协议支持标准线路上的语音、数据、视频、图形等的高速传输服务。ISDN的承载信道（B信道）负责同时传送各种媒体，占用带宽为64kb/s、数据信道（D信道）主要负责处理信令，传输速率从16kb/s～64kb/s不定，这主要取决于服务类型。

ISDN有两种基本服务类型，如下：

（1）基本速率接口（Basic Rate Interface，BRI）

BRI由两个64kb/s的B信道和一个16kb/s的D信道构成，总速率为144kb/s，该服务主要适用于个人计算机用户。

电信公司提供的U接口的BRI支持双线、传输速率为160kb/s的数字连接。通过回波消除操作降低噪音影响。各种数据编码方式（北美使用2B1Q，欧洲国家使用4B3T）可以为单线本地环路提供更高的数据传输率。

（2）主要速率接口（Primary Rate Interface，PRI）

PRI能够满足用户的更高要求。PRI由23个B信道和一个64kb/s的D信道构成，总速率为1536kb/s，在欧洲，PRI由30个B信道和一个64kb/s的D信道构成，总速率为 1984kb/s，通过 NFAS（Non-Facility Associated Signaling），PRI 也支持具有一个 64kb/s D 信道得多 PRI 线路。

三、xDSL 接入技术

DSL 是数字用户线（Digital Subscriber Line）的缩写。xDSL 是在普通电话线上实现数字传输的一系列技术的统称。它使用数字技术对现有的模拟电话用户线进行改造，使其能够承载宽带业务。

由于模拟电话用户线实际可通过的信号频率超过 1Mb/s，而标准的模拟电话信号的频带被限制在 300~3400Hz 内。因此，xDSL 技术把 0~4kHz 低端频谱留给传统电话使用，而把原来没有被利用的高端频谱留给用户上网使用。前缀 x 表示是在数字用户线上实现的宽带方案。xDSL 技术的类型如下：

- ADSL（Asymmetric Digital Subscriber Line），非对称数字用户线。
- HDSL（High-speed DSL），高速数字用户线。
- VDSL（Very-high bit-rate DSL），超高速数字用户线。
- SDSL（Single line DSL），单线路的数字用户线。
- RADSL（Rate Adapted DSL），速率自适应数字用户线。
- IDSL（ISDN DSL），ISDN 数字用户线。

1.ADSL 技术

ADSL（Asymmetrical Digital Subscriber Line，非对称数字用户线）是一种在无中继的用户环路网上利用双绞线传输高速数据的技术，是非对称 DSL 技术的一种，可在现有电话线上传输数据，误码率低。ADSL 技术为家庭和小型业务提供了宽带、高速接入 Internet 的方式。在普通电话双绞线上，ADSL 典型的上行速率为 512kb/s~1Mb/s，下行速率为 1.544~192Mb/s，传输距离为 3~5km，有关 ADSL 的标准，现在比较成熟的有 G.DMT 和 G.Lite。一个基本的 ADSL 系统由局端收发机和用户端收发机两部分组成，收发机实际上是一种高速调制解调器（ADSL Modem），由其产生上下行的不同速率。

中央交换局端模块包括在中心位置的 ADSL Modem 和接入多路复用系统。处于中心位置的 ADSL Moderm 被称为 ATU-C（ADSL Transmission Unit-Central），接入多路复用系统中心 Moderm 通常被组合成一个接入节点，称为 DSLAM（DSL Access Multiplexer）。

远端模块由用户 ADSL Modem 和滤波器组成。用户 ADSL Modem 通常被称为 ATU-R（ADSL Transmission Unit Remote）。其中，滤波器用于分离承载音频信号的

4kHz以下低频带和调制用的高频带。这样，ADSL可以同时提供电话和高速数据业务，两者互不干涉。

从客户端设备和用户数量来看，可以分为以下4种接入方式：

（1）单用户ADSL Modem直接连接

这种方式多为家庭用户使用，连接时用电话线将滤波器一端接于电话机上，一端接于ADSL Modem，再用交叉网线将ADSL Modem和计算机网卡连接即可（如果使用USB接口的ADSL Modem则不必用网线）。

（2）多用户ADSL Modem连接

如果有多台计算机，就先用集线器组成局域网，设其中一台为服务器，并配以两块网卡，一块接ADSL Modem，一块接集线器的uplink口（用直通网线）或1口（用交叉网线），滤波器的连接与（1）中相同。其他计算机即可通过此服务器接入Internet。

（3）小型网络用户ADSL路由器直接连接计算机

客户端除使用ADSL、Modem外，还可使用ADSL路由器，它兼具路由功能和Modem功能，可与计算机直接相连，不过由于它提供的以太端口数量有限，因此只适用于用户数量不多的小型网络。

（4）大量用户ADSL路由器连接集线器

当网络用户数量较大时，可以先将所有计算机组成局域网，再将ADSL路由器与集线器或交换机相连，其中，接集线器uplink口用直通网线，接集线器1口或交换机用交叉网线。

在用户端除安装好硬件外，用户还需为ADSL Modem或ADSL路由器选择一种通信连接方式。目前主要有静态IP、PPPoA（Point to Point Protocol over ATM）、PPPoE（Point to Point Protocol over Ethernet）3种。通常普通用户多数选择PPPoA和PPPoE方式，对于企业用户更多选择静态IP地址（由电信部门分配）的专线方式。

ADSL用途十分广泛，对于商业用户来说，可组建局域网共享ADSL上网，还可以实现远程办公、家庭办公等高速数据使用，获取高速低价的极高性价比。对于公益事业来说，ADSL可以实现高速远程医疗、教学、视频会议的即时传送，达到以前所不能及的效果。

2.HDSL技术

HDSL（High-speed Digital Subscriber Line，高速数字用户线）是在无中继的用户环路上使用电话线提供高速数字接入的传输技术，典型速率为3Mb/s，可以实现高速双向传输。HDSL能在现有普通电话双绞铜线（两对或三对）上全双工传输2Mb/s数字信号，无中继传输距离 3~5.5km。HDSL 是一种对称式高速数字用户技术，上、下行速率相等。它利用两对双绞线进行数字传输。一对线时，速率达 784~1040Kb/s；两对线时，达 T1（1.544Mb/s）或 E1（2.048Mb/s）速率。HDSL 具有双向传输，无中继运行、无须选择线对、误码率低等特性。HDSL 广泛用于移动通信基站中继、无线寻呼中继、视频会议及局域网互联等业务中。

3.VDSL 技术

VDSL（Very-high-bit-rate Digital Subscriber Line，甚高速数字用户线）是在 ADSL 基础上发展起来的高速数字用户线技术。它可在不超过 300m 的短距离双绞铜线上传输比 ADSL 更高速的数据。VDSL 技术是目前最先进的数字用户线技术，也是一种非对称技术，上行速率为 1.6~2.3Mb/s；下行速率为 12.96~55.2Mb/s，最高可达 155Mb/s（HDTV 信号速率）。

VDSL 采用前向纠错编码技术进行传输差错控制，并使用交换技术纠正由于脉冲噪声产生的突发误码。VDSL 采用的调制解调方式是 DMT（离散多音频调制）。与 ADSIL 相比，VDSL 传输速率更高，码间干扰小，数字信号处理技术简单，成本低，它可与光纤到路边（FTTC）技术相结合，实现宽带综合接入。但目前 VDSL 还处于研究阶段，相关组织正在进行标准规范的制定。

4.SDSL 技术

SDSL（Single-line Digital Subscriber Line，单线路数字用户线）是对称技术，与 HDSL 的区别在于只使用一对铜线。SDSL 可支持 1Mb/s 左右的上、下行速率的应用。该技术现在已可提供，在双线电路中运行良好。

5.RADSL 技术

RADSL（Rate Adapted Digital Subscriber Line，速率自适应数字用户线）提供的速率范围基本与 ADSL 的一样，也是一种不对称数字用户线技术。与 ADSL 的区别在于 RADSL 的速率可以根据传输距离动态自适应，可以供用户灵活地选择传输服务。

6.IDSL 技术

IDSL（ISDN Digital Subscriber Line，ISDN 数字用户线）是一种基于 ISDN 的数字用户线，也可以认为是 ISDN 技术的一种扩展，它用于为用户提供基本速率（144Kb/s）的 ISDN 业务，但其传输距离可达 5km。

第四节 光纤接入技术

光纤接入是指局端与用户之间完全以光纤作为传输媒质，来实现用户信息传送的应用方式。光纤接入网（OAN）就是采用光纤传输技术的接入网，泛指本地交换机或远端模块与用户之间采用光纤通信或部分采用光纤通信的系统。通常，OAN指采用基带数字传输技术，并以传输双向交互式业务为目的的接入传输系统，将来应能以数字或模拟技术升级传输宽带广播式和交互式业务。

光纤具有频带宽（可用带宽达50THz）、容量大、损耗小、不易受电磁干扰等突出优点，早已成为骨干网的主要传输手段。随着技术的发展和光缆、器件成本的下降，光纤技术逐渐渗透到接入网应用中，并在IP网络业务和各类多媒体业务需求的推动之下，得到了极为迅速的发展。我国接入网当前发展的战略重点，已经转向能满足未来宽带多媒体需要的宽带接入领域（网络"瓶颈"之所在）。而在实现宽带接入的各种技术手段中，光纤接入网是最能适应未来发展的解决方案，特别是ATM无源光网络（ATM-PON）几乎是综合宽带接入的一种经济有效的方式。

一、光纤接入系统的基本配置

光纤接入网（或称光接入网）（Optical Access Network，OAN）是以光纤为传输介质，并利用光波作为光载波传送信号的接入网，泛指本地交换机或远端交换模块与用户之间采用光纤通信或部分采用光纤通信的系统，光纤最重要的特点是：它可以传输很高速率的数字信号，容量很大；并可以采用波分复用（Wavelength Division Multiplexing，WDM）、频分复用（Frequency Division Multiplexing，FDM）、时分复用（Time Divi-sion Multiplexing，TDM）、空分复用（Space Division Multiplexing，SDM）和副载波复用（Sub Carrier Multiplexing，SCM）等各种光的复用技术，来进一步提高光纤的利用率。

从给定网络接口（V接口）到单个用户接口（T接口）之间的传输手段的总和称为接入链路。利用这一概念，可以便利地进行功能和规程的描述以及规定网络需要。通常，接入链路的用户侧和网络侧是不一样的，因而是非对称的。光接入传输系统可以看作是一种使用光纤的具体实现手段，用以支持接入链路。于是，光接入网可以定义为：共享同样网络侧接口且由光接入传输系统支持的一系列接入链路，由光线路终端（Optical Line Terminal，OLT）、光配线网络/光配线终端（Optical Distributing Network/Optical Distributing Terminal，ODN/ODT）、光网络单元（Optical Network Unit，ONU）及相关适配功能（Adaptation Function，AF）设备组成，还可能包含若干个与同一 OLT 相连的 ODN。

OLT 的作用是为光接入网提供网络侧与本地交换机之间的接口，并经一个或多个 ODN 与用户侧的 ONU 通信。OLT 与 ONU 的关系为主从通信关系，OLT 可以分离交换和非交换业务，管理来自 ONU 的信令和监控信息，为 ONU 和本身提供维护和支配功能。OLT 可以直接设置在本地交换机接口处，也可以设置在远端，与远端集中器或复用器接口。OLT 在物理上可以是独立设备，也可以与其他功能集成在一个设备内。

ODN 为 OLT 与 ONU 之间提供光传输手段，其主要功能是完成光信号功率的分配任务。ODN 是由无源光元件（诸如光纤光缆、光连接器和光分路器等）组成的纯无源的光配线网，呈树形一分支结构。ODT 的作用与 ODN 相同，主要区别在于：ODT 是由光有源设备组成的。ONU 的作用是为光接入网提供直接的或远端的用户侧接口，处于 ODN 的用户侧，ONU 的主要功能是终结来自 ODN 的光纤，处理光信号，并为多个小企事业用户和居民用户提供业务接口。ONU 的网络侧是光接口，而用户侧是电接口。所以，ONU 需要有光/电和电/光转换功能，还要完成对语声信号的数/模和模/数转换，复用信令处理和维护管理功能。ONU 的位置有很大灵活性，既可以设置在用户住宅处，也可设置在 DP(配线点)处，甚至 FP(灵活点)处。

AF 为 ONU 和用户设备提供适配功能，具体物理实现则既可以包括在 ONU 内，也可以完全独立。以光纤到路边（Fiber to the Curb，FTTC）为例，ONU 与基本速率 NT1(Network Ter-mination 1, 相当于 AF)在物理上就是分开的。当 ONU 与 AF 独立时，则 AF 还要提供在最后一段引入线上的业务传送功能。

随着信息传输向全数字化过渡，光接入方式必然成为宽带接入网的最终解决方法。目前，用户网光纤化主要有两个途径：一是基于现有电话铜缆用户网，引入光纤和光接入传输系统改造成光接入网；二是基于有线电视（CATV）同轴电缆网，引入光纤和光传输系统改造成光纤/同轴混合（Hybrid Fiber Coaxial，HFC）网。

二、光纤接入网的分类

根据不同的分类原则，OAN 可划分为多个不同种类。

按照接入网的网络拓扑结构划分，OAN 可分为总线型、环形、树形和星形等。

按照接入网的室外传输设备是否含有有源设备，OAN 可以分为无源光网络（PON）和有源光网络（AON）。两者的主要区别是分路方式不同，PON 采用无源光分路器，AON 采用电复用器(可以为 PDH、SDH 或 ATM)。PON 的主要特点是易于展开和扩容，维修费用较低，但对光器件的要求较高。AON 的主要特点是对光器件的要求不高，但在供电及远端电器件的运行维护和操作上有一些困难，并且网络的初期投资较大。

按照接入网能够承载的业务带宽来划分，OAN可分为窄带OAN和宽带OAN两类。窄带和宽带的划分以2.048Mb/s速率为界线，速率低于2.048Mb/s的业务称为窄带业务，速率高于2.048Mb/s的业务为宽带业务。

按照光网络单元（ONU）在光接入网中所处的具体位置不同，OAN可分为光纤到路边（FTTC）、光纤到大楼（FTTB）、光纤到家（FTTH）和光纤到办公室（FTTO）三种不同的应用类型。

1. 光纤到路边（FTTC）

在FTTC结构中，ONU设置在路边的入孔或电线杆上的分线盒处，有时也可能设置在交接箱处。此时从ONU到各个用户之间的部分仍为双绞线铜缆。若要传送宽带图像业务，则除了距离很短的情况外，这一部分可能会需要同轴电缆。这样FTTC将比传统的数字环路载波（DLC）系统的光纤化程度更靠近用户，增多了更多的光缆共享部分。

2. 光纤到大楼（FTTB）

FTTB也可以看作是FTTC的一种变形，不同之处在于将ONU直接放到楼内（通常为居民住宅公寓或小企事业单位办公楼），再经多对双绞线将业务分送给各个用户。FTTB是一种点到多点结构，通常不用于点到点结构。FTTB的光纤化程度比FTTC更高，光纤已覆盖到楼，因此更适用于高密度区，也更接近于长远发展目标。

3. 光纤到家（FTTH）和光纤到办公室（FITO）

在原来的FTTC结构中，如果将设置在路边的ONU换成无源光分路器，然后将ONU移到用户房间内即为FITH结构。如果将ONU放在办公大楼的终端设备处并能提供一定范围的灵活的业务，则构成所谓的光纤到办公室（FTTO）结构。FTTO主要用于企事业单位的用户，业务量需求大，因而结构上适用于点到点或环型结构，而FTTH用于居民住宅用户，业务量较小，因而经济的结构必须是点到多点方式。总的看来，FTTH结构是一种全光纤网，既从本地交换机到用户全部为光连接，中间没有任何铜缆，也没有有源电子设备，是真正全透明的网络。

三、无源光网络（APON）接入技术

在PON中采用ATM技术，就成为ATM无源光网络（ATM-PON，简称APON）。PON是实现宽带接入的一种常用网络形式，电信骨干网绝大部分采用ATM技术进行传输和交换，显然，无源光网络的ATM化是一种自然的做法。ATM-PON将ATM的多业务、多比特速率能力和统计复用功能与无源光网络的透明宽带传送能力结合起来，

从长远来看，这是解决电信接入"瓶颈"的较佳方案。APON 实现用户与四个主要类型业务节点之一的连接，即 PSTN/ISDN 窄带业务，B-ISDN 宽带业务，非 ATM 业务（数字视频付费业务）和 Internet 的 IP 业务。

其中 UNI 为用户网络接口，SNI 为业务节点接口，ONU 为光网络单元，OLT 为光线路终端。

PON 是一种双向交互式业务传输系统，可以在业务节点（SNI）和用户网络节点（UNI）之间以透明方式灵活地传送用户的各种不同业务。根据 ATM 的 PON 接入网主要由光线路终端 OLT（局端设备）、光分路器（Splitter）、光网络单元 ONU（用户端设备），以及光纤传输介质组成。其中 ODN 内没有有源器件。局端到用户端的下行方向，由 OLT 通过分路器以广播方式发送 ATM 信元给各个 ONU。各个 ONU 则遵循一定的上行接入规则将上行信息同样以信元方式发送给 OLT，其关键技术是突发模式的光收发机、快速比特同步和上行的接入协议（媒质访问控制）。ITU-T 于 1998 年 10 月通过了有关 ATM-PON 的 G.983.1 建议。该建议提出下行和上行通信分别采用 TDM 和 TDMA 方式来实现用户对同一光纤带宽的共享。同时，主要规定标称线路速率、光网络要求、网络分层结构、物理媒质层要求、会聚层要求、测距方法和传输性能要求等。G.983.1 对 MAC 协议并没有详细说明，只定义了上下行的帧结构，对 MAC 协议作了简单说明。

1999 年 ITU-T 又推出 G.983.2 建议，即 APON 的光网络终端（Optical Network Terminal, ONT）管理和控制接口规范，目标是实现不同 OLT 和 ONU 之间的多厂商互通，规定了与协议无关的管理信息库被管实体，OLT 和 ONU 之间信息交互模型，ONU 管理和控制通道以及协议和消息定义等。该建议主要从网络管理和信息模型上对 APON 系统进行定义，以使不同厂商的设备实现互操作，该建议在 2000 年 4 月份正式通过。

在宽带光纤接入技术中，电信运营者和设备供应商普遍认为 APON 是最有效的，它构成了既提供传统业务又提供先进多媒体业务的宽带平台。APON 主要特点有：采用点到多点式的无源网络结构，在光分配网络中没有有源器件，比有源的光网络和铜线网络简单，更加可靠，更加易于维修；如果大量使用 FTTH（光纤到家），有源器件和电源备份系统从室外转移到了室内对器件和设备的环境要求降低，使维护周期加长；维护成本的降低使运营者和用户双方受益；由于它的标准化程度很高，可以大规模生产，从而降低了成本；另外，ATM 统计复用的特点使 ATM-PON 能比 TDM 方式的 PON 服务于更多用户，ATM 的 QoS 优势也得以继承。

根据 G.983.1 规范的 ATM 无源光网络，OLT 最多可寻址 64 个 ONU，PON 所支持的虚通路（VP）数为 4096，PON 寻址使用 ATM 信元头中的 12 位 VP 域。由于 OLT

具有 VP 交叉互联功能，所以局端 VB5 接口的 VPI 和 PON 上的 VPI（OLT 到 ONU）是不同的。限制 VP 数为 4096 使 ONU 的地址表不会很大，同时又保障了高效地利用 PON 资源。

以 ATM 技术为基础的 APON，结合了 PON 系统的透明宽带传送能力和 ATM 技术的多业务多比特率支持能力的优点，代表了接入网发展的方向。APON 系统主要有下述优点。

1. 理想的光纤接入网

无源纯介质的 ODN 对传输技术体制的透明性，使 APON 成为未来光纤到家、光纤到办公室、光纤到大楼的最佳解决方案。

2. 低成本

树型分支结构，多个 ONU 共享光纤介质使系统总成本降低；纯介质网络，彻底避免了电磁和雷电的影响，维护运营成本大为降低。

3. 高可靠性

局端至远端用户之间没有有源器件，可靠性较有源 OAN 大大提高。

4. 综合接入能力

能适应传统电信业务 PSTN/ISDN；可进行 Internet Web 浏览；同时具有分配视频和交互视频业务（CATV 和 VOD）能力。

虽然 APON 有一系列优势，但是由于 APON 树型结构和高速传输特性，还需要解决诸如测距、上行突发同步、上行突发光接收和带宽动态分配等一系列技术及理论问题，这给 APON 系统的研制带来一定的困难。目前这些问题已基本得到改善，我国的 APON 产品已经问世，APON 系统正逐渐走向实用阶段。

第五节　光纤同轴电缆混合接入技术

为了改善终端用户接入 Internet 速率较低的问题，人们一方面通过 xDSL 技术充分提高电话线路的传输速率，另一方面尝试利用目前覆盖范围广、最具潜力、带宽高的有线电视网（CATV），CATV 是由广电部门规划设计的用来传输电视信号的网络。从用户数量看，我国已拥有世界上最大的有线电视网，其覆盖率高于电话网，于是充分利用这一资源，改造原有线路，变单向信道为双向信道以实现高速接入 Internet 的思想推动了光纤同轴电缆混合 HFC 接入技术的出现和发展。

一、HFC 概念

光纤同轴电缆混合（Hybrid Fiber Coax，HFC）接入也称有线电视网宽带接入。HFC 是一种以频分复用技术为基础，综合应用数字传输技术、光纤和同轴电缆技术、射频技术的智能宽带接入网，是有线电视网（CATV）和电话网结合的产物。从接入用户的角度看，HFC 是经过双向改造的有线电视网，但从整体上看，它是以同轴电缆网络为最终接入部分的宽带网络系统。

光纤同轴电缆混合网是一种新型的宽带网络，也可以说是有线电视网的延伸。采用光纤从交换局到服务区，而在进入用户的"最后一公里"采用有线电视网同轴电缆。它可以提供电视广播（模拟及数字电视）、影视点播、数据通信、电信服务（电话、传真等）、电子商贸、远程教学与医疗服务以及丰富的增值服务（如电子邮件、电子图书馆）等。

通过有线电视宽频上网，使用 Cable Modem（电缆调制解调器），传输速率可达 10~40Mb/s 之间。用户可享受的平均速度是 200~500kb/s，最快可达 1500kb/s，用它可以非常舒心地享受宽带多媒体业务，并且可以绑定独立 IP。通过 HFC 网传输数据，可以覆盖整个大中城市。如果通过改造后的有线电视宽频网的光纤主干线能到大楼，实现全数字网络，传输速率可达 1Gb/s 以上。那时，HFC 除了实现高速上网外，还可实现可视电话、电视会议、多媒体远程教学、远程医疗、网上游戏、IP 电话、VPN 和 VOD 服务，成为事实上的信息高速公路。HFC 具有覆盖范围大、信号衰减小、噪声低等优点，是理想的 CATV 传输技术。

二、HFC 频谱

HFC 支持双向信息的传输，因此其可用频带划分为上行频带和下行频带。所谓上行频带是指信息由用户终端传输到局端设备所需占用的频带；下行频带是指信息由局端设备传输到用户端设备所需占用的频带。目前，各国对 HFC 频谱配置并未取得完全的统一。

Cable Modem 在一个频道的传输速率达 27~36Mb/s。每个有线电视频道的频宽为 8MHz，HFC 网络的频宽为 750MHz，所以整个频宽可支持近 90 个频道，在 HFC 网络中，目前有大约 33 个频道（550~750MHz 范围）留给数据传输，整个频宽相当可观。

三、HFC 接入系统

HFC 网络充分利用现有的 CATV 宽带同轴电缆频带宽的特点，以光缆作为 CATV 网络主干线、同轴电缆为辅线建立的用户接入网络。该网络连接用户区域的光纤节点，再由节点通过 750MHz 的同轴电缆将有线电视信号送到最终用户。Cable Modem 在网络中采用 IP 协议，传输 IP 分组。

HFC 网络是一个双向的共享介质系统，由头端、光纤节点及光纤干线、从光纤节点到用户的同轴电缆网络三部分组成。电视信号在光纤中以模拟形式携载。光纤节点把光纤干线与同轴电缆传输网连接起来。电缆分线盒可使多个用户共用相同的电缆。

光纤节点体系结构的特点如下：

1. 能够提升网络的可靠性，每一个用户都独立于其他的用户群，用户群之间也是互相独立。

2. 简化了上行信道的设计，HFC 的上行信道是用户共享的。

3. 具有比 CATV 更宽的频谱，支持双向传输。

4. 用户家庭需要安装用户机顶盒。

机顶盒 STB（Set Top Box）是一种扩展电视机功能的新型家用电器，由于常放于电视机顶上，所以称为机顶盒。目前的机顶盒多为网络机顶盒，其内部包括操作系统和互联网浏览软件，通过电话网或有线电视网连接互联网，使用电视机作为显示器，从而实现没有电脑的上网。

HFC 网络中传输的信号是射频信号 RF（Radio Frequency），即一种高频交流变化电磁波信号，类似于电视信号，在有线电视网上传送。整个 HFC 接入系统由三部分组成：前端系统、HFC 接入网和用户终端系统。

（1）前端系统

有线电视有一个重要的组成部分——前端，如常见的有线电视基站，它用于接收、处理和控制信号，包括模拟信号和数字信号，完成信号调制与混合，并将混合信号传输到光纤。其中处理数字信号的主要设备之一就是电缆调制解调器终端系统 CMTS（Cable Modem Termination System），它包括分复接与接口转换、调制器和解调器。

（2）HFC 接入网

HFC 接入网是前端系统和用户终端之间的连接部分。其中馈线网（即干线）是前端到服务区光节点之间的部分，为星形拓扑结构。它与有线电视网的不同是使用一根单模光纤，代替了传统的干线电缆与有源干线放大器，传输上下行信号更快、质量更高、带宽更宽。配线是服务区光节点到分支点之间的部分，采用同轴电缆，并配以干线 / 桥接放大器，为树形结构，覆盖范围可达 5~10km，这一部分非常重要，其好坏往往决定了整个 HFC 网的业务量与业务类型。最后一段为引入线，是分支点到用户之间的部分，其中一个重要的元器件为分支器，作为配线网和引入线的分界点，它是信号分路器和方向耦合器结合的无源器件，能将配线的信号分配给每一个用户，一般每隔

40~50m 就有一个分支器。引入线负责将分支器的信号引入到用户，使用复合双绞线的连体电缆（软电缆）作为物理媒介，与配线网的同轴电缆不同。

（3）用户终端系统

用户终端系统指以电缆调制解调器 CM（Cable Modem）为代表的用户室内终端设备连接系统。Cable Modem 是一种将数据终端设备连接到 HFC 网，以使用户能和 CMTS 进行数据通信，访问 Internet 等信息资源的连接设备。ADSL Modem 是通过电话线接入 Internet，而 Cable Modem 是在有线电视（CATV）网络上用来接入 Internet 的设备，是串联在用户家的有线电视电缆插座和联网设备之间的，而通过有线电视网络与之相连的另一端是在有线电视台（简称头端：Head-End）。它主要用于有线电视网进行数据传输，解决了由于声音图像的传输而引起的阻塞，传输速率高。

顾名思义，Cable Modem 是适用于电缆传输体系的调制解调器，工作在物理层和数据链路层。其主要功能是将数字信号调制到模拟射频信号以及将模拟射频信号中的数字信息解调出来供计算机处理。此外，Cable Modem 还提供标准的以太网接口，可完成网桥、路由器、网卡和集线器的部分功能。所以，它的结构比传统 Modem 复杂得多。Cable Modem 在有线电视台前端的设置较为复杂，其中有一个重要组成部分 Cable Modem 端接收系统（CMTS）。CMTS 端接收来自用户端的信号，并把这些信息汇总到有线电视台前端的设备上输出。除此之外，还将几个服务器、网关和路由器，这些设备连接在一起，通过 Internet 提供多种业务，包括数据信号和视频信号的传输、接收卫星电视频道等。CMTS 与 Cable Modem 之间的通信是点到多点、全双工的，这与普通 Modem 的点到点通信和以太网的共享总线通信方式不同。

Cable Modem 在用户端的安装比较简单，只需要把计算机、电视机按照连接要求接入 Cable Modem 即可，计算机一般通过网卡与 Cable Modem 相连。如果使用的是 USB 接口 Cable Modem 或内置的 Cable Modem 卡，计算机中不需要安装网卡。

Cable Modem 与传统 Modem 在原理上基本相同，都是将数字信号调制成模拟信号在电缆的一个频率范围内传输，接收时再解调为数字信号。不同的是，Cable Modem 通过有线电视的某个传输频带而不是经过电话线进行传输，而且，普通 Modem 所使用的介质由用户独享，而 Cable Modem 属于共享介质系统，其余空闲频段依然可用于传输有线电视信号。

同时 Cable Modem 具有性价比高、非对称专线连接，不受连接距离限制、平时不占用带宽（只在下载和发送数据瞬间占用带宽）、上网和看电视两不误的兼顾等特点。

分别从上行和下行两条线路来看 HFC 系统中信号传送过程。

1）下行方向。

在前端，所有服务或信息经由相应调制转换成模拟射频信号，这些模拟射频信号和其他模拟音频、视频信号经数模混合器由频分复用方式合成一个宽带射频信号，加到前端的下行光发射机上，并调制成光信号用光纤传输到光节点并经同轴电缆网络、数模分离器和 Cable Modem 将信号分离解调并传输到用户。

2）上行方向。

用户的上行信号采用多址技术（如 TDMA、FDMA、CDMA 或它们的组合）通过 Cable Modem 复用到上行信道，由同轴电缆传送到光节点进行电光转换，然后经光纤传至前端，上行光接收机再将信号经分接器分离，CMTS 解调后传送到相应接收端。

第六节　无线接入技术

无线接入技术是指从业务节点接口到用户终端部分全部或部分采用无线方式，即通过卫星、微波等传输手段向用户提供各种业务的一种接入技术。由于其开通方便，使用灵活，得到广泛的应用。另外，未来个人通信的目标是实现任何人在任何时候、任何地方能够以任何方式与任何人通信，而无线接入技术是实现这一目标的关键技术之一，因此越来越受到人们的重视。

无线接入技术经过了从模拟到数字，从低频到高频，从窄带到宽带的发展过程，其种类很多，应用形式多种多样。但总的来说，可大概分为固定无线接入和移动接入两大类。

一、固定无线接入技术

固定无线接入（Fixed Wireless Access，FWA）主要是为固定位置的用户（如住宅用户、企业用户）或仅在小范围区域内移动（如大楼内、厂区内，无须越区切换的区域）的用户提供通信服务，其用户终端包括电话机、传真机或计算机等。目前 FWA 连接的骨干网络主要是 PSTN，因此，也可以说 FWA 是 PSTN 的无线延伸，其目的是为用户提供透明的 PSTN 业务。

1. 固定无线接入技术的应用方式

（1）全无线本地环路。从本地交换机到用户端全部采用无线传输方式，即用无线代替了铜缆的馈线、配线和引入线。

（2）无线配引线／用入线本地环路。从本地交换机到灵活点或分配点采用有线传输方式，再采用无线方式连接至用户，即用无线替代了配线和引入线或引入线。

（3）无线馈线／馈配线本地环路。从本地交换机到灵活点或分配点采用无线传输方式。从灵活点到各用户使用光缆、铜缆等有线方式。

目前，我国规定固定无线接入系统可以工作在 450MHz、1.8GHz、1.9GHz 和 3GHz 等 4 个频段。

2. 固定无线接入的实现方式

按照向用户提供的传输速率来划分，固定无线接入技术的实现方式可分为窄带无线接入（小于 64kb/s）、中宽带无线接入（64~2048kb/s）和宽带无线接入（大于 2048kb/s）。

（1）窄带固定无线接入技术

窄带固定无线接入以低速电路交换业务为特征，其数据传送速率一般小于或等于 64kb/s，使用较多的技术如下：

1）微波点对点系统。采用地面微波视距传输系统实现接入网中点到点的信号传送。这种方式主要用于将远端集中器或用户复用器与交换机相连。

2）微波点对多点系统。以微波方式作为连接用户终端和交换机的传输手段。目前大多数实用系统采用 TDMA 多址技术实现一点到多点的连接。

3）固定蜂窝系统。由移动蜂窝系统改造而成，去掉了移动蜂窝系统中的移动交换机和用户手机，保存其中的基站设备，并增加固定用户终端，这类系统的用户多采用 TDMA 或 CDMA 以及它们的混合方式接入到基站上，适用于在紧急情况下迅速开通的无线接入业务。

4）固定无绳系统。由移动无绳系统改造而成，只需将全向天线改为高增益扇形天线即可。

（2）中宽带固定无线接入技术

中宽带固定无线系统可以为用户提供 64~2048kb/s 的无线接入速率，开通 ISDN 等接入业务。其系统结构与窄带系统相似，由基站控制器、基站和用户单元组成，基站控制器和交换机的接口一般是 V5 接口，控制器与基站之间通常使用光纤或无线连接，这类系统的用户多采用 TDMA 接入方式，工作在 3.5GHz 或 10GHz 的频段上。

（3）宽带固定无线接入技术

窄带和中宽带无线接入基于电路交换技术，其系统结构类似。但宽带固定无线接入系统是基于分组交换的，主要是提供视频业务，目前已经从最初的提供单向广播式业务发展到提供双向视频业务，如视频点播（VOD）等。其采用的技术主要有直播卫星（DBS）系统、多路多点分配业务（MMDS）和本地多点分配业务（LWDS）三种。

1）直播卫星系统。是一种单向传送系统，即目前通常使用的同步卫星广播系统，主要传送单向模拟电视广播业务。

2）多路多点分配业务。是一种单向传送技术，需要通过另一条分离的通道（如电话线路）实现与前端的通信。

3）本地多点分配业务。是一种双向传送技术，支持广播电视、VOD、数据和语音等业务。

二、无线接入技术

无线接入技术在本地网中的重要性正在日益增长，越来越多的通信厂商和电信运营部门积极地提出和使用各种各样的无线接入方案，无线通信市场上的各种蜂窝移动通信、无绳电话、移动卫星技术等，也纷纷被用于无线接入网，目前，无线接入技术正开始走向宽带化、综合化与智能化，以下讨论一些正在开发的无线接入新技术。

1. 本地多点分布业务（LMDS）技术

本地多点分布业务（Local Multipoint Distribution Services，LMDS）系统是一种宽带固定无线接入系统。它工作在微波频率的高端（20~40GHz 频段），以点对多点的广播信号传送方式为电信运营商提供高速率、大容量、高可靠性、全双工的宽带接入手段，为运营商在"最后一公里"宽带接入和交互式多媒体应用提供了经济、简洁的解决方案。

LMDS 是首先由美国开发的，其不支持移动业务。LMDS 采用小区制技术，根据各国使用频率的不同，其服务范围约为 1.6~4.8km。运营商利用这种技术只需购买所需的网元就可以向用户提供无线宽带服务。LMDS 是面对用户服务的系统，具有高带宽带和双向数据传输的优点，可以提供多种宽带交互式数据业务及话音和图像业务，特别适用于突发性数据业务和高速 Internet 接入。

LMDS 是结合高速率的无线通信和广播的交互性系统。LMDS 网络主要由网络运行中心（Network Operating Center，NOC）、光纤基础设施、基站和用户站设备构成。NOC 包括网络管理系统设备，它管理着用户网的大部分领域；多个 NOC 可以互联。光纤基础设施一般包括 SO-NET OC-3 和 DS-3 链路、中心局（CO）设备，ATM 和 IP 交换机系统，可与 Internet 及 PSTN 互联。基站用于进行光纤基础设施向无线基础设施的转换，基站设备包括与光纤终端的网络接口，调制解调器和微波传输与接收设备，可不含本地交换机。基站结构主要有两种：一种是含有本地交换机的基站结构，连到基站的用户无须进入光纤基础设施即可与另一个用户通信，这就表示计费、信道接入管理、登记和认证等是在基站内进行的。另一种基站结构是只提供与光纤基础设施的简单连接，此时所有业务都接向光纤基础设施中的 ATM 交换机或 CO 设备。如果连接到同一基站的两个用户希望建立通信，那么通信以及计费、认证、登记和业务管理功能都在中心地点完成。用户站设备因供货厂商不同而相差甚远，但一般都包括安装在户外的微波设备，和安装在室内的提供调制解调、控制、用户站接口功能的数字设备。用户站设备可以通过 TDMA、FDMA 及 CDMA 方式接入网络。不同用户站地点要求不同的设备结构。

LMDS 技术特点主要有以下几个方面。

（1）可提供极高的通信带宽

LMDS 工作在 28GHz 微波波段附近，是微波波段的高端部分，属于开放频率，可用频带为 1GHz 以上。

（2）蜂窝式的结构配置可覆盖整个城域范围

LMDS 属无线访问的一种新形式，典型的 LMDS 系统为分散的类似蜂窝的结构配置。它由多个枢纽发射机（或称为基地站）管理一定范围内的用户群，每个发射机经点对多点无线链路与服务区内的固定用户通信，每个蜂窝站的覆盖区为 2~10km，覆盖区可相互重叠。每个覆盖区又可以划分多个扇区，可根据用户远端的地理分布及容量要求而定，不同公司的单个基站的接入容量可达 200Mb/s。LMDS 天线的极化特性用来减少同一个地点不同扇区以及不同地点相邻扇区的干扰，即假如一个扇区利用垂直极化方式，那么相邻扇区便使用水平极化方式，这样理论上能保证在同一地区使用同一频率。

（3）LMDS 可提供多种业务

LMDS 在理论上可以支持现有的各种语音和数据通信业务。LMDS 系统可提供高质量的语音服务，并且没有延迟，用户和系统之间的接口通常是 RJ.11 电话标准，与所有常用的电话接口是兼容的。LMDS 还可以提供低速、中速和高速数据业务。低速数据业务的速率为 1.2~9.6kb/s，能处理开放协议的数据，网络允许本地接入点接到增值业务网并可以在标准话音电路上提供低速数据。中速数据业务速率为 9.6kb/s~2Mb/s，这样的数据通常是增值网络本地接入点。在提供高速数据业务（2~55Mb/s）时，要用 100Mb/s 的快速以太网和光纤分布的数据接口（Fiber Distributed Data Interface，FDDI）等，另外还要支持物理层、数据链路层和网络层的相关协议。此外，LMDS 还能支持高达 1Gb/s 速率的数据通信业务。

LMDS 能提供模拟和数字视频业务，如远程医疗、高速会议电视、远程教育、商业及用户电视等。

此外，LMDS 有完善的网管系统支持，发展较成熟的 LMDS 设备都具有自动功率控制本地和远端软件下载、自动故障汇报、远程管理及自动性能测试等功能。这些功能可方便用户对网络的本地和远程进行监控，并可减少系统维护费用。

与传统的光纤接入、以太网接入和无线点对点接入方式相比，LMDS 有许多优点。首先，LMDS 的用户能根据自身的市场需求和建网条件等对系统设计进行选择，并且

LMDS有多种调制方式和频段设备可选，上行链路可选择TDMA或FDMA方式，因此，LMDS的网络配置非常灵活。其次，这种无线宽带接入方式配备多种中心站接口（如NXE1，E3，155Mb/s等）和外围站接口（如E1，帧中继，ISDN，ATM，10Mbit/S以太网等）。再次，LMDS的高速率和高可靠性，以及它便于安装的小体积低功耗外围站设备，使得这种技术极适合市区使用。在具体应用方面，LMDS除可以代替光纤迅速建立起宽带连接外，利用该技术还可建立无线局域网以及IP宽带无线本地环。

2. 蓝牙技术

蓝牙技术是由爱立信公司在1994年提出的一种最新的无线技术规范。其最初的目的是采用短距离无线技术将各种数字设备（如移动电话、计算机及PDA等）连接起来，以消除繁杂的电缆连线。随着研究的进一步发展，蓝牙技术可能的应用领域得到扩展。如蓝牙技术应用于汽车工业、无线网络接入、信息家电及其他所有不便于进行有线连接的地方。最典型的应用是在无线个人域网（Wireless Personal Area Network，WPAN），它可用于建立一个方便移动、连接方便、传输可靠的数字设备群，其目的是使特定的移动电话、便携式计算机以及各种便携式通信设备的主机之间在近距离内实现无缝的资源共享。蓝牙协议能使包括蜂窝电话、掌上电脑、笔记本电脑相关外设和家庭Hub等包括家庭RF的众多设备之间进行信息交换。

蓝牙技术定位在现代通信网络的最后10m，是涉及网络末端的无线互联技术，是一种无线数据与语音通信的开放性全球规范，它以低成本的近距离无线连接为基础，为固定与移动设备通信环境建立一个特别连接。从总体上看，蓝牙技术有如下特点。

（1）蓝牙工作频段为全球通用的2.4GHz工业、科学和医学（Industry Science and Medicine，ISM）频段，由于ISM频段是对所有无线电系统都开放的频段，因此，使用其中的某个频段都会遇到不可预测的干扰源。为此，蓝牙技术特别设计了快速确认和调频方案以确保链路稳定，并结合了极高跳频速率（1600跳/s）和调频技术，这使它比工作在相同频段而跳频速率均为50跳/s的802.11 FHSS和Home RF无线电更具抗干扰性。

（2）蓝牙的数据传输速率为1Mb/s，采用时分双工方案来实现全双工传输，支持物理信道中的最大带宽，其调制方式为BT=0.5的GFSK。

（3）蓝牙基带协议是电路交换与分组交换的结合。信道上信息以数据包的形式发送，即在保留的时隙中可传输同步数据包，每个数据包以不同的频率发送。蓝牙支持多个异步数据信道或多达3个并发的同步话音信道，还可以用一个信道同时传送异步数据和同步话音。每个话音信道支持64kb/s同步话音链路。异步信道可支持一端最大速率为721kb/s而另一端速率为57.6kb/s的不对称连接，也可以支持432.6kb/s的对称连接。

　　一个蓝牙网络由一台主设备和多个辅设备组成，它们之间保持时间和跳频模式同步，每个独立的同步蓝牙网络可称为一个"微微网"。由于蓝牙网络面向小功率、便携式的应用场合，在一般情况下，一个典型的"微微网"的有效范围在10m之内，当有多个辅设备时，通信拓扑即为点到多点的网络结构。在这种情况下，微微网中的所有设备共享信道及带宽。一个微微网中包含一个主设备单元和可多达7个激活的辅设备单元。多个微微网交叠覆盖形成一个分散网。事实上，一个微微网中的设备可以作为主设备或辅设备加入到另一个微微网中，并通过时分复用技术来完成。

　　从理论上讲，蓝牙技术可以被植入所有的数字设备中，用于短距离无线数据传输。目前可以预计的应用场所主要是计算机、移动电话、工业控制及无线个人域网（WPAN）的连接。蓝牙接口可以直接集成到计算机主板或者通过PC卡或USB接口连接，实现计算机之间及计算机与外设之间的无线连接。这种无线连接对于便携式计算机可能更有价值。通过在便携式计算机中植入蓝牙技术，便携式计算机就可以通过蓝牙移动电话或蓝牙接入点连接远端网络，方便地进行数据交换。从目前来看，移动电话是蓝牙技术的最大应用领域。在移动电话中植入蓝牙技术，可以实现无线耳机、车载电话等功能，还能实现与便携式计算机和其他手持设备的无电缆连接，组成一个方便灵活的无线个人域网（WPAN）。无线个人域网（WPAN）将会是全球个人通信世界中的重要环节之一，所以蓝牙技术的战略含义不言而喻。蓝牙技术普及后，蓝牙移动电话还能作为一个工具，实现所有的商用卡交易。

　　至今已有250种以上各种已认证通过的蓝牙产品，而且目前蓝牙设备一般由2~3个芯片（9mm×9mm）组成，价格较低。可以说借助蓝牙技术才可能实现"手机电话遥控一切"，而其他应用模式还可以进一步开发。

　　虽然蓝牙在多向性传输方面上具有较大的优势，但也需防止信息的误传和被截取。如果你带一台蓝牙的设备来到一个装备IEEE 802.11无线网卡的局域网的环境，将会引起相互干扰；蓝牙具有全方位的特点，若是设备众多，识别方法和速度会出现问题；蓝牙具有一对多点的数据交换能力，故它需要安全系统来防止未经授权的访问。尽管如此，蓝牙应用产品的市场前景仍然看好，蓝牙为语音、文字及影像的无线传输大开便利之门。蓝牙技术可视为一种最接近用户的短距离、微功率、微小区型无线接入手段，将在构筑全球个人通信网络及无线连接方面发挥其独特的作用。

第九章 现代多种通信及网络系统

现代通信技术是现代信息技术中最为重要的组成部分，随着通信技术和计算机技术的发展，通信网络也得到了快速的发展。现代通信网络是由一系列设备、信道和规范（或信令）组成的有机整体，使与之相连的终端设备可以进行信息交流。本章将对现代多种通信及网络系统进行解析。

第一节 移动无线网络及通信系统

移动通信技术也是移动无线网络技术。移动通信领域内推出的业务种类越来越多，除语音业务以外，移动数据业务真正可以使人们随时随地与全球各地进行方便的通信，在移动状态中实现多业务交互。移动通信网已经是现代通信网的一个极重要的组成部分，也是智能型建筑通信系统中不可或缺的一个组成部分。

一、移动通信的发展及系统组成

1. 移动通信的发展及特点

移动通信是指通信的双方或其中有一方处于移动状态的通信方式。第一代蜂窝式移动通信网是模拟系统，以连续变化的波形传输信息，只能用于语音业务。这一代移动通信网制式繁多，不能实现国际漫游，不能提供 ISDN 业务，通信保密性不好，通话易被窃听，手机体积大，频带利用率低。

欧洲与日本在 20 世纪 90 年代已放弃了第一代蜂窝式移动通信网（1G）网络，将其升级为数字系统。第二代蜂窝移动通信网为数字系统，针对第一代蜂窝式通信网进行了改进和完善，第二代移动电话将所有语音信号转化成数字编码，使得信号更加清晰，并可加密和压缩，安全性大大提高。最流行的 2G 系统是 GSM（Global System for Mobile Communications，全球移动通信系统）。2G 系统支持语音、数据等多种业务，但传输速率通常低于 10Kbps。

一些蜂窝电话运营商将其所拥有的 2G 系统升级到更高的数据传输速率，理论上可达到和超过 100Kbps，即 2.5G 系统。对于 2.5G 系统，性能优于 2G，但又远远落后于以后的 3G 系统。2.5G 系统除了可以提供更高的数据传输速率外，还采用了数据分组交换技术实现多个用户之间连接的有效共享。2.5G 系统与 Internet 的互联非常容易实现。

第三代移动通信系统是能够将语音通信和多媒体通信相结合的新一代通信系统，即 3G 系统，3G 系统可以提供多种先进的业务，如视频会议功能，并提供高达 2Mbps 的数据传输速率。3G 系统的移动终端除了作为移动电话使用外，同时也可以作为多种应用的个人数字终端，如可作为掌上型计算机或 PDA（个人数字助理）使用，从结构上看，内置了 Web 浏览器，还配置了诸如文字处理、电子表格等应用软件。

许多 3G 终端还可以和个人局域网 PAN 互连，并将一个小范围区域内的所有数字终端设备互联成一个可有效通信的网络。蓝牙技术中，通过将低功率射频模块集成在一个芯片，上，构成一个微型无线收发器即蓝牙芯片，蓝牙芯片可植入几乎所有的家用设备，数字系统或信息设备中，使用具有蓝牙功能的数字终端构成一个小范围的蓝牙微网。

移动通信采用了无线信道传输信息和数据码流。在电波传播的过程中，信号处于强干扰环境中，由于多径衰落，建筑物的阻挡遮蔽造成的阴影效应，移动台运动引起的多普勒频移，使接收信号所受的干扰很多，这就要求系统有足够的抗衰落能力和抗干扰能力。

2. 移动通信系统的组成及工作方式

移动通信系统由移动业务交换中心（Mobile Switching Center，MSC）、基站（Base Station，BS）、移动台（Mobile Station，MS）及与市话网相连接的中继线组成。

移动业务交换中心完成各个不同的移动台之间，移动台和固定用户之间的信息交换、转接和系统的集中控制管理。基站和移动台均由收发信机、天线及馈线组成。基站也叫小区站点，它是每个小区中心处最大的无线通信设备。每个基站有移动的服务范围，叫无线小区。无线小区的覆盖范围由基站发射功率和天线的高度来决定。通过基站和移动业务交换中心就可以实现任意两个用户之间的通信。移动用户和市话用户之间的通信通过移动业务交换中心和市话局之间的中继接续来实现。

所有的移动系统都是蜂窝结构的，它们依靠小区网络。无论一个蜂窝网络是用于第二代的 PCS（个人通信业务）还是第三代通信系统，其基本设计都是相同的。

二、GPRS 通信系统

1.GPRS 通信方式

GPRS（General Packet Radio Service，通用分组无线业务）是在第二代移动无线网络 GSM 系统上发展出来的一种新的分组数据承载业务。GPRS 与 GSM 系统的主要区别是，GSM 是一种电路交换系统，而 GPRS 是一种分组交换系统。

GSM 网络的传输速率最高只能达 9.6Kbps。这种速度用于传送静态图像还基本能满足要求，但对于传送高质量的视频和声音，GSM 系统就无法满足需求。GPRS 系统支持的数据传输速率为 171.2Kbps。

GPRS 系统支持多项应用服务，如：

（1）移动商务：包含移动银行、移动理财、移动交易（股票、彩票）等。

（2）移动信息服务：信息点播、天气、旅游、服务、黄页、新闻和广告等。

（3）移动互联网业务：网页浏览、E-mail 等。

（4）虚拟专用网业务：移动办公室、移动医疗等。

（5）多媒体业务：可视电话、多媒体信息传送、网上游戏、音乐、视频点播等。GPRS 属于 2.5 代的技术，为无线数据传送提供了一条高速公路，只要能接入 GPRS、网络，就能使用无线数据业务。

2.GPRS 的主要优点

相对 GSM 的电路交换数据传送方式，GPRS 的分组交换技术，具有"实时在线""按流量计费""快捷登录""高速传输""自如切换"的特点。

（1）实时在线。

"实时在线"指用户随时与网络保持连接。如用户访问互联网时，手机就在无线信道上发送和接收数据，在没有数据传送时，手机也一直与网络保持连接，可以随时启动数据传输。

（2）按流量计费。

GPRS 用户可以一直在线，按照用户接收和发送数据包的流量来收取费用，没有数据流量的传递时，用户即使挂在网上，也是不收费的。

（3）快捷登录。

GPRS 的用户一开机，只需 1~3 秒的时间就能完成登录。

（4）高速传输。

GPRS 采用分组交换的技术，数据传输速率最高理论值能达 171.2Kbps，可以稳定地传送大容量的高质量音频与视频文件，但实际速度受到编码的限制和手机终端的限制而不同。

（5）自如切换。

GPRS 还具有数据传输与话音传输可同时进行或切换进行的特点。即用户在用移动电话上网冲浪的同时，可以接听语音电话，电话上网两不误。

由于 GPRS 本身的技术特点，有一些特别适合于 GPRS 网络的应用服务，如网上聊天、移动炒股、远程监控、远程计数等小流量高频率传输的数据业务。

三、CDMA 通信系统

1.CDMA 系统

CDMA（Code Division Multiple Access，码分多址接入）技术是为满足现代移动通信所需要的大容量、高质量、多业务支持、软切换和国际漫游等需求而设计的移动通信技术，是实现第三代移动通信的关键性技术。CDMA 是一种先进的无线扩频通信技术，在数据信息传输过程中，将具有一定信号带宽的数据信息用一个带宽远大于信号带宽的高速伪随机码进行调制，将要传输的数据信息号的带宽拓宽后，再经载波调制并发送出去。在信宿端，使用完全相同的伪随机码，处理接收到的带宽信号，并将宽带信号还原成原来的窄带信号，从而实现通信。

CDMA 技术支持的通信过程有较强的抗干扰能力，具有抗多径延迟扩展的能力和提高蜂窝系统的通信容量的能力。

在全球范围内得到广泛应用的第一个 CDMA 的标准是 IS-95A，这一标准支持 8K 编码话音服务。接着又颁布了 13K 话音编码器的 TSB74 标准，1998 年 2 月又开始将 IS—95B 标准应用于 CDMA 平台中。再往后，CDMA2000 标准的出现，为使窄带 CDMA 系统向第三代系统过渡提供了强有力的支持。在 CDMA2000 标准研究的前期，提出 1X 和 3X 的发展策略，而 CDMA2000-1X 是向第三代移动通信（3G）系统过渡的 2.5 代（2.5G）移动通信技术，叫 CDMA1X。

2.CDMA1X 系统的特点

CDMA1X 系统在完全兼容 IS-95 系统的基础上，采取了更先进的技术，大幅度地提高了系统容量，拓宽了支持业务的范围，其主要特点如下。

（1）系统容量大。由于 CDMA1X 系统中采用了反向导频、向前快速功控、Turbo 码和传输分集发射等新技术，系统的容量得到了很大的提高。

（2）前向兼容。CDMA1X 系统的前向信道采用了直扩 1.25MHz 的频带，系统的速率集中将 IS-95 系统的速率集包括进去。CDMA1X 系统技术完全兼容 IS-95 系统及技术。

（3）支持高速数据业务和多媒体业务。

CDMA1X 网络系统可以向用户提供传输速率为 144Kbps 的数据业务，并同时提供话音和多媒体业务。CDMA1X 系统在 IS-95 系统的基础上增添了许多新的码分信道类型，来支持高速分组数据业务、不对称分组数据业务和快速接入业务。

CDMA1X 系统的介质访问控制层除了能保证可靠的无线链路传输外，还提供复用功能和 QoS（Quality of Service，服务质量）控制。

3.CDMA 移动业务本地网和省内网

将固定电话网中的长途编号区编号为两位和三位的区域设置一个移动业务本地网；长途编号区编号为 4 位的地区，可与相邻的移动业务本地网合并在一个移动业务本地网中。

除了移动业务本地网外，还有 CDMA 移动业务省内网。省内网中如果移动交换局较多，可设移动业务汇接局（TMSC）。移动业务汇接局（TMSC）之间成网状连接，每个移动端局至少连接两个移动业务汇接局。

4. 全国 CDMA 移动业务网

在我国的 CDMA 数字蜂窝移动业务网中分设 6 个大区，在每一个大区中设立一个一级移动业务汇接局，各省的移动业务汇接局与相应的一级移动业务汇接局连接。一级汇接局之间也成网状连接。

5.CDMA 网的支持业务

CDMA 蜂窝移动通信系统可向用户提供多种支持业务，如电信业务、数据业务和其他业务。电信业务包括电话业务、紧急呼叫业务、短消息业务、语音信箱业务、可视图文业务、交替话音与传真等。

CDMA 系统可向移动用户提供 1200~9600bps 非同步数据、1200~9600bps 同步数据、交替语音与 1200~9600bps 数据，以及一些相关数据业务。

CDMA 系统还向移动用户提供以下业务：

● 呼叫前转 / 转移 / 等待

● 主叫号码识别

● 三方呼叫

● 会议电话

● 免打扰设置业务

● 消息等待通知

● 优先接入和信道指配

● 选择性呼叫

● 远端特性控制

● 用户 PIN（Personal Identification Number），个人识别号码接入

● 用户 PIN 码拦截

● 其他业务

四、第三代移动通信系统

1. 第三代移动通信系统概述

第三代移动通信（The 3rd Generation Mobile Communication，3G）是一种新的通信技术。第一代移动通信系统叫蜂窝式模拟移动通信，第二代移动通信系统叫蜂窝式数字移动通信，第三代移动通信系统叫宽带多媒体蜂窝系统，第二代移动通信系统主要是 GSM 和 CDMA 制式，所承载的业务是语音和低速数据，移动通信技术的进步需求有一种全球化的、无缝覆盖的、统一频率、统一标准，能在全球范围内漫游，集语音、数据、图像和多媒体等多种业务进行支持的移动通信系统。在此背景下，第三代移动通信的概念于 1985 年正式提出，被称为未来公众陆地移动通信系统（Future Public Land Mobile Communication System，FPLMTS），1996 年更名为 IMT-2000(国际移动通信 -2000)，含义是系统工作在 2000MHz 频段，最高业务速率可达 2000Kbps，在 2000 年左右商用。

3G 标准是由国际电联（ITU）制定的。2000 年 5 月，国际电联无线大会正式将 WCDMA、CDMA2000 和 TD-SCDMA 三个标准作为世界 3G 无线传输标准。其中 W-CDMA(宽带码分多址) 方案是由欧洲提出的，CDMA2000 方案由美国提出，TD-SCDMA 方案是我国提出和推出的标准方案。W-CDMA 是在一个宽达 5Mbps 的频带内直接对信号进行扩频的技术；CDMA2000 系统则是由多个 1.25Mbps 的窄带直接扩频系统组成的一个宽带系统。

3G 系统的基本特征有：

● 提供全球无缝覆盖和漫游。

● 提供高达 2Mbps 的数据传输速率。

● 适应多种业务应用环境：蜂窝、无绳、卫星移动、PSTN、数据网、IP 等网络环境。

● 服务质量高，按需分配带宽。

● 具有多频、多模通用的移动终端。

● 频谱利用率高，容量大。

网络结构能适用无线、有线等多种业务要求。

● 与 2G、2.5G 系统有很好的兼容性。

第三代移动通信系统包含了许多新技术。主要有核心网平台中的无线 ATM 技术、分布数据库软件技术、多址（CDMA、TDMA）技术、智能天线技术、软件无线电技术和智能网技术等。

2. 3G 的基本要求及目标

国际电联（ITU）对第三代移动通信系统的基本要求是：在室内、手持机及移动三种环境下，支持传输速率达 2Mbps 的话音和各种多媒体数据业务，实现高质量、高频谱利用率和低成本的无线传输技术以及全球兼容的核心网络。

第三代移动通信系统的主要特征是可提供移动多媒体数据业务，在高速移动环境中支持 144Kbps，在步行慢速移动环境中支持 384Kbps 的数据传输，在静态室内环境中支持 2Mbps 的数据传输。第三代移动通信系统比第二代系统有更大的系统容量及更好的通信质量，而且能在全球范围内更好地实现无缝漫游及为用户提供包括话音、数据及多媒体等在内的多种业务，同时与已有第二代系统有良好的兼容性。

3G 系统的主要目标就是要将包括卫星在内的所有网络进行无缝连接和覆盖提供宽带的话音和各种多媒体数据业务。

3. 3G 系统的发展现状及趋势

各种第二代标准正逐步向第三代移动通信标准过渡。GSM 到 3G 的转换途径很大程度上取决于现有的可用频谱。

系统的投入使用，使现有的无线网络系统不再局限于语音通信。3G 系统中的大数据量和较高的传输速率使得系统对多媒体数据的处理能力有了极大的提升。例如，可以结合数码相机技术和移动电话，实现照片文档的快速转换，也可通过手机下载 MPEG 或实现图像重现。

3G 网络和其他无线网络、有线网络的无缝互连，将极大地提高现有的信息网络的技术水平。如和卫星移动通信网络、无线局域网和 Internet 的互联及融合，使得网络的多媒体数据和视频流量数据的大数据量的高速处理技术水平将大为提高。

4. 3G 数据业务

3G 手机的主要特点之一是有很高的数据传输速率，这个速率最终可能达到 2Mbps。3G 手机不仅能进行高质量的话音通信，还能进行多媒体通信。3G 手机之间互相发送和接收多媒体数据信息，还可以将多媒体数据直接传输给一台台式计算机或一台移动式笔记本，并且能从计算机中下载某些信息。用户可以直接使用 3G 手机上网，浏览网页和查看电子邮件，而且部分手机配置有数码微型摄像机，可进行视频会议、视频监控等。

3G 手机的数据传输速率因使用环境不同而不同，特别是和手机用户的移动频率有较大的关系。当用户移动速率超过 120km/h，如乘坐在高速行驶的列车上，数据速率可达 144Kbps；在户外环境中，用户的移动速率小于 120km/h，数据速率可达 384Kbps；对于没有移动的用户或在户外小范围内移动且移动速率小于 10km/h 时，数据速率可达 2Mbps。

3G 手机的主要数据应用内容有：音频数据通信、VOIP(基于 IP 的语音传输，Voice Over IP) 的数据应用，即电话话音在 IP 网上的传输；发送和接收静止图像的数据业务、发送和接收活动图像的数据业务、全球移动电话服务（Universal Mobile Telecommunication System，UMTS ），软件下载等。

（1）音频数据应用。

音频数据可使用两种方式传输：第一种是下载存储以后播放；第二种是使用流式媒体技术做到数据流边下载（边传输）边播放。第二种方式中，不对数据进行存储。

（2）静止图像的收发。

通过 3G 手机彼此间可发送和接收诸如照片、图片、明信片、贺卡、静止网页，也可以将这些静止图片发给在线的计算机。一幅图像的大小取决于它的分辨率和压缩方式，手机传输常用的静止图片格式为 JPEG。

（3）活动图像的收发。

活动图像的传送可以用于多种目的，如视频会议、无线视频监控、实况新闻转播等。传送活动图像对于数据传输速率的要求高于传送静止图像。即使数据传输速率达到 1Mbps 也不能满足连续流畅地播放图像的要求。采用性能优良的活动图像压缩算法是一个关键所在。使用 GPRG 网络传输静止图像是完全胜任的，但满足不了活动图像传输的要求，使用了 3G 网络就能较好地传输活动图像了。

（4）全球移动电话服务。

这种服务也叫虚拟家庭服务，可以使用户在任何位置使用移动电话都像在家中一样方便。

（5）软件下载。

用户使用 3G 网络通过 3G 终端（手机）下载所需的软件。

五、5G 通信技术

随着时代的快速发展，科学技术也不断创新以及改进。其中通信技术发展尤为迅速，为移动通信技术的更新换代提供条件支持。目前通信领域最先进的技术是 5G 移动通信技术，5G 成了现代通信领域的主要研究对象，越来越多的国家进行对 5G 的探索与研发并取得很大成果。

（一)5G 移动通信技术的特点以及优点

1.频谱利用率高

目前高频段的频谱资源利用程度受到很大的约束。在现在的科学技术条件之下利用效率会受到高频无线电波穿动的影响，一般不会阻碍光载无线组网以及有限与无限宽带技术结合的广泛使用。在5G移动通信技术中，将会普遍利用高频段的频谱资源。

2. 通信系统性能有很大的提高

5G移动通信技术将会很大程度上提升通信性能，把广泛多点、多天线、多用户、多小区的共同合作以及组网作为主要研究对象，在性能方面做出很大的突破，并且更新了传统形式下的通信系统理念。

3. 先进的设计理念

移动通信业务中的核心业务为室内通信，所以想要在移动通信技术上有更好的提升，需将室内通信业务进行优化。5G移动通信系统致力于提升室内无线网络的覆盖性能以及提高室内业务的支撑能力，在传统设计理念上突破形成一个先进的设计理念。

4. 降低能耗以及运营成本

能耗以及运营成本对于科学发展有着很大的影响，所以通信技术发展的方向也是朝着更加低能耗以及低运营成本的方向创新。因此，5G无线网络的"软"配置设计是未来移动通信技术的主要研究对象，网络资源根据流量的使用动态进行实时调整，这样就可以将能耗以及运营成本降低。

5. 主要的考量指标

5G移动通信技术会更加注重用户的使用体验，交互式游戏、3D技术、虚拟实现、传输延时、网络的平均吞吐速度以及各方面能效是检验5G性能的主要指标。

（二）5G在3个维度的网络业务能力的提升以及若干关键技术

1. 通过技术的革新，资源利用效率提升至10倍以上。

2. 吞吐率比传统移动通信技术提升25倍左右。

3. 频率资源比传统模式扩大4倍，例如高频段、米波以及可观光等。

（三）5G移动通信的关键技术

1. 同时同频全双工技术

同时同频全双工技术可以有效提升频率资源利用效率，还可以同时接收在一条物理信道上两个不同方向的信号，且同频全双工技术可以同时进行发射信号和接受同频数据信息，解决通信双工节点自身发射机信号产生的搅扰问题。既能提升高频谱的利用效率，又能够使移动通信网络快速应用。实行5G后，通信用户以及流量使用都会迅速增加。因此，以传统基站模式为主的组网方式下已经不足以满足时代对于移动通信技术的要求，只有以5G这样新的网络连接模式可以很好地实现业务要求。

2.MIMO（多进多少）技术

多天线技术是由很多个天线链路组成，所以这项技术需要的元件非常多样，包括接收以及发射机也要有多个配套。接收天线可以方便地分布在设备上面，但是发射天线必须集中或分布排列。这项技术不仅可以去除本身 MIMO，还可以提升高频谱的利用效率降低能耗，在小区干扰、噪声以及损耗和掉线问题方面做出了很大的改进，5G 移动通信技术可以使用较为简单的方式去解决这些问题，不仅可以多天线技术简化设计，还可以分散信号将时间和频谱利用率得到很好的提升。

3. 智能化技术

对 5G 移动通信技术进行更深层次的分析，得出针对 5G 移动通信来说，计算有着无法被替代的作用。云计算网络中的服务器在 5G 移动通信技术中起着非常重要的作用，可以与基站相结合形成交换机网络。此外，工作人员可以合理运用存储功能完成对大量大数据进行存储的工作。计算一大优点就是可以对所存储的数据进行及时和高效的处理，因为基站规模较大、数量可观，所以，基站就可以根据实际情况对频段进行正确的划分以及在这之上进行相对应的业务。

5G 的发展方向就是通信系统体系结构的变革，扁平化 LTE/SAE 体系结构促使移动通信与互联网进行高度融合。

在未来移动通信意味着更加智能化高密度以及可编程性通过把内容分发网络向核心网络边缘分布，可以减少网络访问路由的负荷，带给用户们更好的使用体验。所以，5G 所涉及的新技术就是为未来时代的需求做出很大的改进，相对于传统的移动通信技术有了很大的突破。

第二节　短距离无线网络技术

一、短距离无线网络

短距离无线通信网络是指具有如下特点的无线通信网络：通信覆盖范围一般在10~200m，通信距离短；使用的无线发射模块发射功率较低，一般小于 100mW；工作频率多为 ISM 频段（Industrial Scientific and Medical, ISM）；主要在室内使用。简单来讲，只要通信双方通过无线电波传输信息，并且传输距离限制在较短的范围内，通常是几十米以内，就可以被称为短距离无线通信。

短距离无线通信网络具有低成本、低功耗和对等通信三个重要特征，同时也是这类通信网络所具有的特色和优势。

　　以数据传输速率来分，短距离无线通信分为高速短距离无线通信和低速短距离无线通信两类。前者的最高数据传输速率高于 100Mbps，通信距离小于 10m，超宽带技术（Ultra Wide Band，UWB）就是一种典型的高速短距离无线通信技术；低速短距离无线通信的最低数据速率低于 1Mbps，通信距离小于 100m，典型技术有 ZigBee、低速 UWB、蓝牙技术等。

　　高速短距离无线通信技术支持各种高速率的多媒体数据应用，除了满足一般通信网络的功能外，还能够进行高质量语音和视频文件的配送；低速短距离无线通信技术，主要用于家庭、生产现场控制、安全监视、环境监视等方面的应用。

　　随着网络的不断发展，短距低功耗无线网络开始越来越广泛地应用在现代建筑中。短距低功耗无线网络除了上述的 UWB 网络、蓝牙网络和 ZigBee 网络以外，还包括无线局域网 WLAN 和近距离无线传输（Near Field Communication，NFC）网络等。

　　现代建筑较普遍地装备了楼宇自控系统，而楼宇自控系统的通信网络一部分是属于信息域的，一部分是属于控制域的，如 CAN 总线、Lon Works 总线、MS/TP 控制网络等；楼控系统的管理层挂接在信息域网络上。在建筑物内部使用短距离低功耗无线网络作为有线的控制网络和信息域网络的补充，如使用 WLAN、蓝牙、无线传感器网络和 UWB 等网络技术都可以对有线控制网络和信息域网络进行延伸，实现通信网络的无盲区覆盖。这种延伸和配合覆盖能以各种不同速率针对不同的应用对象进行方便快捷的连接，实现仅有有线网络部署时所不具备的极大灵活性和功能。

　　短距离低功耗无线网络在建筑内部能够配合其他多制式网络实现短中远距离和各种不同速率档次的数据网络覆盖，因此，短距离低功耗无线网络技术在现代建筑中的作用是巨大的，应用前景是非常好的。

二、ZigBee 网络技术

　　ZigBee 网络是由许多传感器结点以 Adhoc 方式构成的无线网络，网络中诸结点可以协作地感知、采集和处理网络覆盖区域中被探测对象的物理信息，并且将这些信息通过短程或中远程的传输网络传送给监控中心进行处理。ZigBee 网络应用在智能建筑中除了可以对室内环境中的温度、湿度、静态压力、露点、液压和流量信号等物理量监测以外，还可以对建筑机电设备的工作运行进行监测和控制，如通过使用无线网关将烟雾结点的火情信号，上传到 Internet 上去，远距离对建筑的火情信息进行监控；可以通过压力、流量数据采集对环境参数进行在线监测；还可以进行建筑暖通空调的节能监测及控制。下面以一个数据采集和监控闭环系统为例，介绍 ZigBee 网络在智能建筑中的应用。

部署 ZigBee 网络对夏季空调设备制冷过程进行实时监测，对空调设备运行进行经济运行的实时评价，确定空调机组、风机盘管、新风机组等设备当前是否在经济节能状态下运行。由于大量的空调设备运行都处于非经济运行状态，导致严重的电能浪费。对一个特定建筑环境，随机实施若干个无线传感器结点，无须布线就可在很短时间内布设一个 ZigBee 网络。通过对空调设备制冷过程经济运行数据使用智能算法进行实时处理，给出同样工况下的经济运行数据，用户据此调节控制空调设备的运行，实现较好的节能效果。空调系统在夏季制冷过程中的合理运行工况对能耗影响很大，制冷温度下降 1 度，将增加电耗 8%~12%。根据不同的空调负荷动态地调节空调的制冷过程，使空调设备工作在经济运行状态中，达到节能的目的。

在对空调区域的制冷实时监测及节能评价的基础上，向控制环节发送优化控制的指令，调节制冷过程。将经济运行指导性数据馈送现场设备侧的网络环境实现方式是：构成一个闭环的网络环境，现场无线传感器结点处的数据通过汇聚结点传送给用户监控终端，从用户监控终端将数据通过有线广域网络或无线广域网络馈送现场设备一侧，传感器网络覆盖范围较小时，也可以通过有线局域网或无线局域网来传送。

在闭环的网络环境中，从用户监控终端将经济运行指导性数据馈送给控制操作运行管理人员，控制调节制冷设备在最佳工况和靠近最佳工况运行，实现系统节能。

从供暖制冷设备一侧，传感器结点通过传输网络开始将数据传给远端的监控中心，再从监控中心回到供暖制冷设备的管理操作技术人员或自动控制装置一侧，使用一个反向的传输网络构成闭环的通信网络来传递经济运行指导性数据，这个反向传输网络使用 Internet 是非常适宜的。现场供热制冷设备的技术管理操作人员可以通过在线的计算机接收用户监控终端传送的数据，实现数据的双向传输。还需要在用户监控终端一侧安装一个客户端软件专门负责发送指导性数据，在现场供热制冷设备一侧的计算机上编制一个在线接收这些数据的基于 Web 方式的运行软件。

三、蓝牙网络技术

蓝牙作为一种短距离无线连接技术，能够在嵌入蓝牙通信芯片的设备间实现方便快捷、灵活安全、低成本、低功耗的数据和语音通信，是实现无线局域网的主流技术之一。

1. 蓝牙设备的功能

蓝牙技术同时具备语音和数据通信能力。蓝牙设备的主要功能有：实时传输语音及数据；取代有线连接；可实现快捷低成本的网络连接。

两个蓝牙设备只要在工作距离内，经简单操作就可实现无线连接，通过快捷建立的无线信道传输数据信息实现通信。内置蓝牙芯片的固定或移动终端，可使用公用电话交换网、综合业务数字网、局域网（LAN）、xDSL（数字用户线）高速接入 Internet。

2. 蓝牙系统工作稳定可靠

蓝牙设备在 2.4GHz 附近的 ISM 频段工作，该频率的使用是免费的，无须特许。此频率附近又分区出若干频段，每个频段均间隔 1MHz。无线电的发射功率分三个等级：100mW（20dBm）、2.5mW（4dBm）和 1mW（0dBm）。对于蓝牙设备，功率为 0dBm 时，通信距离可达 10m，功率提高到 20dBm 时，通信距离可增至 100m。蓝牙技术采用了快速确认和跳频方案来保证链路稳定。蓝牙设备有很强的抗干扰能力，比其他的系统工作更稳定。

3. 建筑环境内的微微网

蓝牙设备以特定方式组成的网络叫微微网。微微网最多容纳 8 台设备，一个微微网建立，有一台蓝牙设备是主设备，其余设备是从设备，这种格局持续于这个微微网存在的整个期间。

微微网可以很好地对建筑内的不同区域进行有效覆盖，如办公区域，还可以应用于建筑设备的高效能监测和控制。

4. 对于语音和数据的支持

蓝牙采用时分多址（TDMA）技术。数据被打包，经由长度为 $625\mu s$ 时隙发送，基带资料组传送速度为 1Mbps。蓝牙支持两类链路，一类是同步面向连接（Synchronous Connection Oriented，SCO），另一类是非同步非连接（Asynchronous Connectionless Link，ACL）。ACL 包可在任意时隙传输，传输的是数据包。SCO 包要在预定时隙传送，主要用来传送语音。蓝牙的面向连接（SCO）方式，主要用于语音传输；非同步非连接（ACL）方式，主要用于分组数据传输。

5. 在办公自动化中的应用

在办公通信方面，使用蓝牙技术可以将各类数据终端及语音终端如 PC、笔记本电脑、传真机、打印机、数码相机连接成一个微微网；多个微微网又可以进行互连，形成一个分布式网络，实现网络内的各种终端设备的通信。办公设备连入微微网后，就可以实现彼此间的互相通信及操作，办公设备群可以高效协调地工作，办公设备的空间位置不再受布线结构及位置限制，可较大幅度地提高办公效率。

在智能建筑中，蓝牙网络可以配合其他各种制式的网络对建筑内不同的区域做数据、语音信息的高性能覆盖，应用越来越深入和广泛。

四、NFC 技术

NFC（Near Field Communication，近距离通信技术）是一种类似于 RFID（非接触式射频识别）的短距离无线通信技术。NFC 具有双向连接和识别的特点，工作于 13.56MHz 频率范围，作用距离为 10 厘米左右。

NFC 由非接触式射频识别（RFID）及互连互通技术整合演变而来，在单一芯片上结合感应式读卡器、感应式卡片，能在短距离内与兼容设备进行识别和数据交换。NFC 芯片装在手机上，手机就可以实现小额电子支付和读取其他 NFC 设备或标签的信息。植入 NFC 芯片的计算机、数码相机、手机、PDA 等多个设备内可以方便快捷地进行无线连接，方便地实现数据交换。

NFC 技术能快速自组织地建立无线网络，为蜂窝设备、蓝牙设备、Wi-Fi 设备提供一个"虚拟连接"，使电子设备可以在短距离范围进行通信。NFC 的短距离交互大大简化了整个认证识别过程，使电子设备间互连互通变得简捷。NFC 技术通过在单一设备上组合所有的身份识别功能和服务，能够同时记忆多种应用情况下设置的密码，并保证数据的安全传输。用 NFC 技术可以创建快速安全的连接，实现多种不同的数据终端之间的无线互连、彼此交换数据都将有可能实现。当 NFC 被置入接入点之后，只要将其中两个终端靠近就可以自动实现连接，比配置 Wi-Fi 连接容易得多。

由于以上的特点，NFC 将在智能楼宇中可靠性的门禁系统、手机支付等领域内发挥巨大的作用。

与蓝牙连接相比，NFC 面向近距离数据交互，适用于交换隐秘或敏感的个人信息等重要数据；蓝牙能够弥补 NFC 通信距离不足的缺点，适用于较长距离数据通信。因此，NFC 和蓝牙互为补充，共同存在。

NFC 应用系统成本低廉、方便易用，通过一个芯片、一根天线和一些软件的组合，就能够实现各种设备在几厘米内的通信。由于 NFC 的数据传输速率较低，仅为 212Kbps，所以不适合诸如影音视频等需要数据传输速率较高的应用。

五、短距无线网络的互联互通

1. 什么是短距无线网络的互联互通

以数据传输速率来分，短距离无线通信分为高速短距离无线通信和低速短距离无线通信两类。前者的最高数据传输速率高于 100Mbps，通信距离小于 10m；低速短距离无线通信的最低数据速率低于 1Mbps，通信距离小于 100m，典型技术有无线局域网技术、WSN（Wireless Sensor Network，无线传感器网络）、蓝牙技术等。

随着短距无线通信技术的快速发展，各种针对不同应用环境的短距无线通信技术不断推出。从 WLAN 到通信距离半径仅有 10 米的蓝牙微网、无线传感器网络、近场通信、超宽带等新技术陆续登场，可统一被称为短距离无线通信网络。

不同短距无线网络之间的互联互通可以使数据从一种短距无线网络向任何一种短距无线异构网络传递，对任何区域都可以实现数据快捷传输和无须布线的无盲区覆盖。短距无线网络之间的互联互通也是物联网实现的重要基础。

2. 短距无线网络互连互通可实现建筑内无盲区的数据覆盖

短距无线网络互连互通技术的发展对现代网络通信技术、建筑智能化信息化技术的深入发展有着重大的意义，表现在以下一些方面。

（1）实现建筑内无盲区的数据覆盖。

短距无线网络互连互通可以实现：数据在任何区域都可以通过不同的异构网络实现接力传递，实现数据上下行的无盲区覆盖；不需要使用实物物理线缆，就能实现建筑内任何区域的数据覆盖。

（2）对现有通信网络技术的发展和应用产生重大影响。

短距无线网络互连互通的实现可以对现有通信网络技术的发展和应用产生多方面的重大影响。比如人们可以通过近场通信，无须再进行连接操作就可以在移动存储和计算机系统之间进行较大数据量的数据交换和迁移，并通过短距无线网络互连进而与广域网互连将数据传送到远端的用户。

短距无线网络与以太网无缝互连可以大幅度提高这些短距无线网络的使用效能和增加在社会生活及工业控制领域中的应用深度和广度。

（3）提高工业现场中机电设备的控制精度和节能。

通过不同制式短距无线网络的互联互通，进一步实现测控网络、短距无线网络和以太网的互联，大幅度降低由多种不同制式异构网络组成控制系统的复杂程度，从而提高对工业现场中设备实施的控制精度。同样，可以大幅度降低未来现代建筑中组成复杂的镂空系统的复杂程度和对建筑机电设备的控制精度。控制精度的提高将产生较好的节能效果。

3. 技术的发展现状

在不同短距无线网络间的互联互通技术研究现状方面，国内的部分研究所、高校做了不少的工作。诸如开发无线局域网与以太网互连的网关，无线传感器网络与无线局域网互联的网关，Adhoc 网络与 Internet 互联技术，基于 DSP 的工业现场蓝牙网关，地铁换乘车站的无线覆盖及互连互通。总的来讲，国内在这方面的研究较为零散、不系统，技术相对国外来讲较为落后，远没有形成一个较为成熟和系统化的理论体系为经济及制造商的产品开发提供理论支持，还有大量的问题有待解决。

国内的研究人员在短距无线网络与 Internet 实现互联方面做了许多工作，基本上能够在实验室环境中实现互连互通。在大区域覆盖的网络互连互通技术部分技术基本上已经成熟，如 2.5G、3G 都已经和 Internet 实现无缝互连。另外，下一代广播电视网、互联网和通信网实现互连互通，可以有效扩展服务信息的来源，并为使用不同终端的用户带来互连互通的服务，使用户之间的沟通更加便利和高效。当前，我国"三网融合"的进程明显加快，"三网融合"的工作已经被列入"十一五"规划中。

美国在网络的互联互通以及短距低功耗无线网络的互联互通技术方面的研究在全球处于领先地位，一些大学，如斯坦福大学的一些研究所人员早已完成使用专用网关来实现不同网络的互联互通，欧洲、日本在这方面的研究工作也做了不少。尽管如此，欧美及日本等国的短距无线网络的互联互通技术发展方面也存在诸多不足，如关于这方面的系统性理论的建立工作做得还不够。

短距无线网络的互联融合为什么没有被作为热点被研究？之前的短距无线网络在覆盖范围方面存在着空白：10米的通信半径以下再无可以采用自组网方式进行连接的无线通信技术了，因此短距低功耗无线网络互连互通的研究对象仅仅停留在蓝牙、WLAN系统上意义不大。

后来，ZigBee网络、超宽频技术（UWB）和NFC网络的出现和发展，使得短距无线网络的内容极大地丰富了。短距无线网络在用户附近区域能够配合其他多制式网络实现短中远距和各种不同速率档次的数据网络覆盖，不同网络之间的互联互通有了巨大的市场需求。网络融合技术中包括短距无线网络之间的互联融合。

人们更多地将研究的视点放在大区域的网络互连互通方面，对于小区域范围无线网络的融合给予的关注远远不够。我们应该具有这种前瞻意识，率先进行短距无线网络的互联互通技术的研究，占领无线网络技术在这个方面的技术前沿，开发国内能够获得具有自主知识产权的先进技术产品，为国内的相关产业发展提供系统的理论支持。

4. 应用方向及前景

应用方向及前景表现在以下4个方面。

（1）在建筑内的任何区域都能实现高效能的数据覆盖。

在没有网络物理线缆布设的任何区域都可以借助广域无线网络和中短距网络的接力实现高效能的数据覆盖，真正实现在任何时候、任何地点对任何对象进行数据、语音及多媒体信息传递交流，但在常规的网络环境中无法做到这一点。在建筑内部的部分区域，如果没有网络线缆或信息网口，用户台式终端就无法接入互联网或其他的有线广域网或城际有线网络中去。但可以通过2.5G或3G无线广域网可以使用户的移动终端接入广域无线网，再通过广域无线网接入Internet，接入其他的行业广域网及城际网。但是在建筑物地下空间和中高层，移动无线网的覆盖有盲区，因此用户所在的建筑物中存在数据覆盖盲区无法进行数据或语音通信。通过短距无线网络的互联，移动终端或者台式终端可以方便地迁移到建筑物内的任何区域，将数据覆盖接入进来。

（2）通过NFC近场通信实现数据在用户终端上的上行传输和下载。

近年来发展迅速的NFC(Near Field Communication，短距离无线通信）技术，作用距离为10厘米左右。NFC具有双向连接和识别的特点，工作于13.56MHz频率范围，在单一芯片上结合感应式读卡器、感应式卡片，能在短距离内与兼容设备进行识别和数据交换。植入 NFC 芯片的计算机、数码相机、手机、PDA 等多个设备之间可以方便快捷地进行无线连接，实现数据交换。

NFC 的短距离交互大大简化了整个认证识别过程，使电子设备间互连互通变得简捷。在 NFC 芯片被置入接入点之后，只要将其中两个终端靠近就可以自动实现连接，比配置 WLAN 连接容易得多。与蓝牙连接相比，NFC 面向近距离数据交互，适用于交换隐秘或敏感的个人信息等重要数据；蓝牙能够弥补 NFC 通信距离不足的缺点，适用于较长距离数据通信。因此，NFC 和蓝牙互为补充。

NFC 技术能快速自组织地建立无线网络，为蜂窝设备、蓝牙设备、WLAN 设备提供一个"虚拟连接"，使电子设备可以在短距离内进行通信。

NFC 应用系统成本低廉，方便易用。通过一个芯片、一根天线和一些软件的组合，就能够实现各种设备在几厘米内的通信。但由于 NFC 的数据传输速率较低，仅为 212Kbps，所以不适合例如音视频流等需要数据传输速率较高的应用情况。

（3）使 ZigBee 网络的数据通过 Internet 传输到远端的监控中心。

ZigBee 网络是由许多传感器结点以自组网方式构成的无线网络，网络中诸结点可以协作地感知、采集和处理网络覆盖区域中被探测对象的物理信息，并且将这些信息通过短程或中远程的传输网络传送给监控中心进行处理。ZigBee 网络由 4 个部分组成：传感器结点、网关结点、传输网络和远程监控中心。传输网络可以是短距的点对点有线或无线的传输信道，也可以是包含多种异构网络互连的传输网络，包含多种异构网络互连的传输网络中既有有线异构网络的互联，也有无线异构网络的互联，无线异构网络中用得较多的就是短距无线网络的互联。

（4）短距无线网络的互联互通技术向测控网络延伸。

短距无线网络的互联互通技术可以延伸到生产现场的测控网络。生产现场的测控网络可以有多种不同的控制总线架构，由于不能实现互连互通，各个控制总线组成的控制区域都是局部和彼此不能连通的离散控制域。如果实现了互连互通，彼此离散的控制域就将被连通起来，形成大区域的控制域，提高监控精度和效能，降低构建整体系统的建设和维护保养成本。

短距无线网络是现代建筑内通信网络的重要组成部分，短距无线网络的互联互通技术也是现代建筑内通信网络技术的重要组成部分。短距无线网络的互联互通技术不仅在工业控制领域内有重要应用，在智能化楼宇中也一样有重要作用。

第三节 卫星通信系统

一、我国卫星通信发展情况

随着 Internet 技术、地面移动网快速发展，以及电子商务、远程医疗、远程教育的发展，卫星通信将有更大的发展。我国将以自主的、大容量通信卫星为主体，建立起长期稳定运行的卫星通信系统，建立起自主经营的卫星广播通信系统。卫星通信公用网开通的线路在持续快速增长；专用卫星通信网不仅在现有基础上扩大业务种类，如 Internet VSAT 网、Direct PC VSAT 网，还将向运营发展，专用的 VSAT 卫星地球站更加广泛地应用到各个行业，智能化建筑的通信系统应用卫星通信技术的比重将持续提高。其低成本、经济型 VSAT 站的发展数量将更大。而全球性的中低轨道卫星移动通信系统，"全球星"系统和其他移动卫星通信系统也将得到适当的扩大和发展。

在卫星广播电视网方面，我国已建立了近百座卫星广播电视上行站，约 30 万 ~40 万个接收站和各类转播站，卫星广播电视和教育电视节目达近百套、覆盖全国人口 89% 以上。在移动卫星通信网方面，我国已建成且开通了国际海事卫星北京岸站和上千个用户终端、低轨（LEO）全球移动卫星通信系统。

在卫星通信空间资源上，目前有"东方""中卫""鑫诺"等多种类在轨运行的卫星，卫星通信资源可以满足通信业务发展需求。如中国东方通信卫星有限责任公司拥有的"中卫 -1 号"通信卫星有等效 36MHz 带宽的 C 频段和 Ku 频段转发器各 24 个。该卫星采用具有国际先进水平的大功率、大容量 A2100A 型商业通信卫星平台，具有模块化设计、可靠性高、智能程度高、轨道测控操作简便灵活、接收灵敏度高、可支持多种通信业务等特点。该星由美国洛克希德·马丁公司研制生产，用我国"长征三号乙"运载火箭发射，定点在东经 87.5 度赤道上空。

"中卫 -1 号"通信卫星预计在轨寿命可达 18 年左右。该星覆盖中国本土、南亚、西亚、东亚、中亚及东南亚等地区，适用于建立和扩展以下系统：

1. 国内和周边国家的主干线及区域性的卫星通信业务系统。

2. 广播、电视业务系统。

3. 国内及区域性的电视直播业务系统。

4. 专用网卫星通信业务系统等。

我国卫星通信技术将在以下 7 个方面重点发展。

1. 开发新频段，提高现有频段频谱的利用率。

从现有的 C（6/4GHz）、UHF、L、Ku（14/12GHz）频段发展到更高的频段。把现有的 C 频段 500MHz 扩展为 800MHz，并进行频谱复用。

2. 公用干线进一步向宽带化方向发展。发展速率为 60Mbps、120Mbps、300Mbps、600Mbps 甚至更高速率的宽带卫星通信系统，利用 FR、IP 和 ATM，建立卫星宽带综合业务数字通信网——国家信息高速公路。

3. 专用卫星通信网进一步向小型化、智能化、经济化方向发展。发展 VSAT 卫星网产品技术，它将更广泛地采用超大规模的专用集成电路 VLSI、ASIC 以及数字信号处理技术（DSP），进一步发展卫星多媒体和卫星高速 Internet 技术，使 VSAT 网络发展成为话音、数据、图文、电视兼容的多媒体宽带综合业务数字网。

4. 移动卫星通信网向中低轨道（MEO、LEO）移动卫星通信系统发展。积极发展小型化、集成化（TDMA 或 CDMA）的多模卫星通信手持机技术和手持机产品的产业化技术。发展移动卫星通信系统的信关站技术和其他各类高增益、高跟踪精度的轻型移动天线、伺服、跟踪技术。

5. 发展网络管理、控制及网络动态分配处理技术，发展网同步技术，发展适应卫星信道特点的卫星 IP、卫星 ATM、与异构网互联的路由器技术。

6. 卫星通信用的调制解调、编码译码器技术向频带、功率利用率高的多功能新型调制编解码技术发展。如向 TCM 编码与调制技术、（RS+P-TCM）、（RS+卷积码）级联码技术、Turbo 编解码技术发展。

7. 通信卫星向大功率、大容量、长寿命、高可靠性大卫星平台发展，向星上交换、星上处理、星上抗干扰技术发展，中低轨道移动卫星向现代"小卫星"技术发展。如通信及广播卫星向星上可装载多个 100~200W 功率、大型可展开天线、有效载荷重达 600~800kg、供电达 10kW 以上大卫星平台发展。展望未来的发展，在因特网、卫星宽带多媒体业务、卫星 IP 传输业务、卫星 ATM 和地面蜂窝业务发展的推动下，卫星通信将获得更大发展。尤其是光开关、光交换、光信息处理、智能化星上网控、超导、新的发射运载工具和新的轨道技术等各种新技术、新工艺的实现，将使卫星通信产生革命性的变化。卫星通信作为全球信息化网络设施的重要组成部分，将对中国和世界经济、社会的发展产生重大的促进作用。

二、VSAT 卫星通信技术

VSAT（Very Small Aperture Terminal）即"甚小天线地球站"。VSAT 系统中小站设备的天线口径较小，通常为 0.3~2.4m。VSAT 是 20 世纪 80 年代中期利用现代技术开发的一种新的卫星通信系统。利用这种系统进行通信具有灵活性强，可靠性高，成本低，使用方便以及小站可直接装在用户端等特点。借助 VSAT 用户数据终端可直接利用卫星信道与远端的计算机进行联网、完成数据传递、文件交换或远程处理。目前，VSAT 广泛应用于银行、饭店、新闻、保险、运输、旅游等部门。在现代建筑中，作为通信系统的一个重要组成部分。

许多甚小天线地球站组成的卫星通信网，叫作"VSAT 网"。

VSAT 网根据业务性质可分为三类：第一类是以数据通信为主的网，这种网除数据通信外，还能提供传真及少量的话音业务；第二类是以话音通信为主的网，这种网主要是供公用网和专用网语音信号的传输和交换，同时也提供交互型的数据业务；第三类就是以电视接收为主，接收的图像和伴音信号可作为有线电视的信号源，通过电缆分配网传送到用户家中。

1.VSAT 的主要业务种类和典型应用

除了个别宽带业务外，VSAT 卫星通信网几乎可支持话音、数据、传真、LAN 互连、会议电话、可视电话、低速图像、可视电话会议、采用 FR 接口的动态图像和电视、数字音乐等功能。

VSAT 卫星通信网覆盖范围大，通信成本与距离无关；可对所有地点提供相同的业务种类和服务质量；灵活性好；可扩容性好，扩容成本低，开辟一个新通信地点所需时间短；独立性好，是用户拥有的专用网，不像地面网受电信部门制约；互操作性好，可使采用不同标准的用户跨越不同的地面网而在同一个 VSAT 网内进行通信；通信质量好（有较低的误比特率和较短的网络响应时间）；传播时延大。

2.VSAT 卫星通信网的组成

VSAT 卫星通信网的网络结构可分为星状网、网状网和混合网（星状 + 网状）三种。采用星状结构的 VSAT 网最适合于广播、收集等进行点到多点间通信的应用环境，例如具有众多分支机构的全国性或全球性单位作为专用数据网，以改善其自动化管理、发布或收集信息等为目的。

采用网状结构 VSAT 网（在进行信道分配、网络监控管理等时一般仍要用星状结构），较适合于点到点之间进行实时性通信的应用环境，比如建立单位内的 VSAT 专用电话网等。

采用混合结构的 VSAT 网最适合于点到点或点到多点之间进行综合业务传输的应用环境。此种结构的 VSAT 网在进行点到点间传输或实时性业务传输时采用网状结构，而进行点到多点间传输或数据传输时采用星状结构；在星状和网状结构时可采用不同的多址方式。此种结构的 VSAT 网综合了前两种结构的优点，允许两种差别较大的 VSAT 站（即小用户用小站，大用户用大站）在同一个网内较好地共存，能进行综合业务传输。VSAT 组网灵活，可根据用户要求单独组成一个专用网，也可与其他用户一起组成一个共用网（多个专用网共用同一个主站）。

一个 VSAT 网实际上包括业务子网和控制子网两部分。业务子网负责交换、传输数据或话音业务，控制子网负责对业务子网的管理和控制。传输数据或话音业务的信道可称为业务信道，传输管理或控制信息的信道称为控制信道。VSAT 网的控制子网多用星状网，而业务子网的组网则视业务的要求而定，通常数据网为星状网而话音网为网状网。VSAT 通信网由主站、VSAT 小站和卫星转发器组成。

（1）主站。

主站也叫中心站，是 VSAT 网的核心部分。它与普通地球站一样，使用大型天线，天线直径一般约为 3.5~8m（Ku 波段）或 7~13m（C 波段）。

在数据 VSAT 网中，主站既是业务中心也是控制中心。主站通常与主计算机放在一起或通过其他（地面或卫星）线路与主计算机连接，作为业务中心；同时在主站内还有一个网络控制中心负责对全网进行监测、管理、控制和维护。

在以话音业务为主的 VSAT 卫星通信网（下面简称话音 VSAT 网）中，通常把控制中心所在站称为主站或中心站。由于主站控制整个 VSAT 网的运行，其发生故障会影响全网正常工作，故其设备均采用工作 / 备份工作方式。为了便于重新组合，主站一般采用模块化结构，设备之间采用高速局域网的方式互连。

数据 VSAT 网通常是分组交换网，数据业务采用分组传输方式，其工作过程是这样的：任何进入 VSAT 网的数据在发送之前先进行格式化，即把较长的数据报文分解成若干固定长度的信息段，加上地址和控制信息后构成一个分组，传输和交换时以一个分组作为整体来进行，到达接收点后，再把各分组按原来的顺序装配起来，恢复成原来的报文。主站通过卫星转发器向小站外发数据的过程叫外向传输。用于外向传输的信道（外向信道）一般采用时分复用方式（TDM）。从主站向各小站发送的数据，由主计算机进行分组化，组成 TDM 帧，通过卫星以广播方式发向网中所有小站。每个 TDM 帧中都有同步所需的同步码，帧中每个分组都包含一个接收小站的地址。小站根据每个分组中携带的地址进行接收。

（2）VSAT 小站。

VSAT 小站由小口径天线、室外单元（ODU）和室内单元（IDU）组成。小站通过卫星转发器向主站发数据的过程称为内向传输。用于内向传输的信道（内向信道）一般采用随机争用方式（ALOHA 一类），也有采用 SCPC 和 TDMA 的。由小站向主站发送的数据，由小站进行格式化，组成信道帧（其中包括起始标记、地址字段、控制字段、数据字段、CRC 和终止标记），通过卫星按照采用的信道共享协议发向主站。

（3）卫星转发器。

一般采用工作于 C 或 Ku 波段的同步卫星透明转发器。在第一代 VSAT 网中主要采用 C 波段转发器，从第二代 VSAT 开始，以采用 Ku 波段为主。具体采用何种波段不仅取决于 VSAT 设备本身，还取决于是否有可用的星上资源，即是否有 Ku 波段转发器可用，如果没有，那么只能采用 C 波段。

Ku 波段是指频率在 12~18GHz 的波段。国际电信联盟将 11.7~12.2GHz 的频率范围优先划分给卫星电视广播专用。从频率上来看，Ku 波段的频率为 C 波段频率的三倍，而波长是 C 波段 4GHz 波长的 1/3。

与 C 波段相比，Ku 波段的优点有：

（1）接收天线的口径较小，这是因为 Ku 波段的波长短，Ku 波段使用的天线口径可以是 C 波段天线口径的 1/3。

（2）Ku 波段的地面场强较高，由于 Ku 波段转发器的功率比 C 波段转发器功率大得多，其等效全向辐射功率就大。

（3）可用频带较宽带，C 波段的带宽是 500MHz。而 Ku 波段的带宽达 800MHz，可利用性高。

3. 现代建筑中的 VSAT

小型地面站卫星通信网系统 VSAT 通过卫星架构电信网络或企业用户通信网络，传递声音、影像、数据等资讯，是解决区域性电信建设及自主性企业网络问题的较好选择。VSAT 卫星通信网向宽带业务发展已经是一个必然的趋势，它有着数据音频视频广播、计算机的卫星宽带交互接入、音频视频会议等业务的推动。而针对这些业务的 VSAT 卫星通信网也日益趋于融合，形成一个统一的宽带 VSAT 通信网。对现代建筑装备的建筑智能化设备中的通信系统来讲，VSAT 卫星通信系统是一个效能很高的重要组成部分。

第四节　建筑物内部的无线网络覆盖

一、建筑内部分区域无线网络的补充覆盖

高层及超高层现代建筑越来越多，其封闭的地下空间、钢筋混凝土结构屏蔽减弱了无线信号；不同基站的信号经直射、反射、绕射等方式进入建筑物内，也导致无线信号的强弱不稳定及同频、邻频干扰严重。以上因素导致移动电话在未通话时重选频

繁，通话过程中切换频繁、通话质量差，甚至出现话务拥堵现象。现代高层建筑的中高层由于可以同时收到多个基站的覆盖信号，切换十分频繁，也严重地影响了移动通信设备的使用效果。大型酒店、写字楼、大型商厦、大型超市、车站机场、生活商业小区、办公楼等现代建筑的车库和地下空间部分存在移动无线网络覆盖不到的地方。

大城市及中等城市的中心由于人口居住及办公密度大，从而具有话务量大、网络扩容速度快的特点；同时由于高层建筑的建设密度大，覆盖阴影多，无线环境复杂，使得网络规划的难度大大增加；室内办公场所、大型商场、地下商场、停车场等特殊区域大量存在，对室内覆盖、地下覆盖的需求较多，这些因素使得大城市的覆盖方案复杂化。

特殊区域：以光纤传输弥补无线基站覆盖的不足。城市地区无线应用环境比较复杂，高层建筑、大型室内购物、办公场所以及地下商场、停车场、地铁等地下设施的大量存在，使得网络覆盖存在许多阴影、盲区。而要完善这些地区的覆盖，还要考虑覆盖质量、建设成本、工程安装等因素。要解决上述室内信号覆盖问题，最有效的方法就是建设室内分布系统，将基站信号通过有线或无线的方式直接引入室内，再通过分布式天线系统把信号发送出去，从而消除室内覆盖盲区、抑制干扰，为室内的移动通信用户提供稳定、可靠的通信环境。

二、常用室内分布系统的组成及特点

室内信号覆盖不是一个将射频信号经过放大再转发的简单过程，而是针对不同的覆盖需要选用不同的信源，通过不同的传输方式把射频能量按不同的比例分布到各个楼层或区域，通过构成一个能够满足特定网络需要的系统来解决。

可以考虑的室内信号覆盖综合解决方案有：采用无线同频直放站作为信源的室内信号覆盖；采用移频直放站作为信源的解决方案；采用光纤直放站作为信源的室内信号覆盖；采用微蜂窝作信源的室内信号覆盖；采用基站作信源的室内信号覆盖。

室内分布系统主要包括信号源、合路系统、传输系统、天馈系统和附属系统等子系统。信号源的方式主要包括各种直放站（如无线直放站、光纤直放站）、大功率耦合器、微蜂窝、宏基站、射频拉远RRU方式等。合路系统把多台无线电发射设备在相互隔离的情况下输出的射频合并，反馈到覆盖系统。室内信号传输系统把引入的信号源连接到室内输入端，通过馈线在室内传输；或根据需要分路后，再经过馈线实现与室内天线之间的连接；或者在适当的地方对信号进行变换及放大，并通过室内天线实现射频信号的收发。常用室内天线为吸顶式全向天线及定向板式天线。目前的室内分布系统从信号传输形式上分为射频室内分布系统、中频室内分布系统两种模式。

射频室内分布系统主要由信号源、功分器、定向耦合器、同轴传输电缆、干线放大器、室内天线等组成。系统将移动通信网络的源信号直接进行射频传输，采用同轴电缆为主要传输介质，通过功分器、耦合器等器件对信号进行分路、合路，利用分布式天线或泄漏电缆进行信号的辐射。由于采用同轴电缆作为主要传输介质，其优点是技术措施简单、性能稳定、造价较低；缺点是同轴电缆的射频信号损耗大、基站不能远距离放置。在建筑物或大型场馆内采用此系统时，一般采用大功率的基站作为信号源，同时使用干线放大器补偿线路的射频信号损耗，干线放大器的使用使上行信号噪声引入比较严重，这将直接影响基站的接收灵敏度和覆盖范围，甚至会降低系统的用户容量。

中频室内分布系统主要由信号源、主信号变换处理单元、扩展信号变换单元、远端信号变换单元、6 类传输电缆（或光纤）、室内天线等组成。系统将移动通信网络的源信号转换为中频信号后进行传输，采用光纤、6 类（或 5 类）数据线等作为主要传输介质，通过近端信号处理变换单元和远端信号处理变换单元实现二次变频，利用分布式天线辐射信号。系统覆盖范围更易扩展、布线更加灵活；上行信号在远端信号处理变换单元实现低噪声放大，使引入的上行噪声较小；系统整体耗电较小，远端信号处理变换单元可通过数据线直接供电；具有完善的系统监控功能；可利用建筑物的综合布线系统。其缺点是系统初次投资成本较大。

三、室内无线通信信号覆盖系统的设计

1. 室内移动通信信号覆盖系统的主要要求及技术指标

为了规范室内无线电信号覆盖系统的建设，合理设置室内无线电辐射源，很多省市都颁布了相关规范，对系统建设提出了相应的技术指标及要求。如：建筑面积超过 3000m² 的公共建筑宜设置室内无线信号覆盖系统；并遵循"多网合一"原则进行建设；系统频率覆盖范围为 800~2500MHz，有特殊要求时可支持系统频率低至 350MHz，高至 5800MHz，以支持新的无线通信系统。

在全部公共通道、重要位置及不少于 95% 的覆盖区域，不少于 99% 的时间移动台可接入网络；上行的干扰电平不应使基站系统的接收灵敏度下降超过允许值；室内天线口的最大发射功率应小于 15dBm/ 载波；专用机房至天线的最远距离不宜超过 200m，若超过 200m 需增设专用机房。900MHz 系统移动台输入端射频信号的最低容限值在高层建筑物室内为 -70dBm，在市区一般建筑物室内为 -80dBm；1800MHz 系统移动台输入端射频信号的最低容限值在高层建筑物室内为 68dBm，在市区一般建筑物室内为 -78dBm。

2. 室内移动通信信号覆盖系统的设计

在新建及改造建筑物内的无线覆盖应采用综合覆盖系统，即多网合一的系统方式，其可以较好地解决多个运营商室内信号覆盖融合的问题。室内移动通信信号覆盖系统的设计包括信号源的选取、系统设计等内容。

多系统兼容覆盖及采用合路系统方案设计时，要充分考虑不同系统的频率差异，保证较好的覆盖效果。合路系统中包括的子系统如果工作频率较为接近，应采取避免频段交错的措施。

四、信号源的选取

在室外基站的通信容量能够满足室内覆盖要求的情况下，可采用各种不同的直放站作为信号源。直放站（中继器）属于同频放大设备，在无线通信传输过程中起到信号增强的一种无线中转设备，直放站就是一个射频信号功率增强器。在室外基站通信容量不能满足室内覆盖要求的情况下，可采用基站（微蜂窝或宏基站）作为信号源。微蜂窝型基站是利用微蜂窝技术实现微蜂窝小区覆盖的移动通信系统，它可以达到小范围即微蜂窝小区内提供高密度话务量的目的，而宏基站则是覆盖范围较大的蜂窝基站。不同环境应采用不同的信号源。如在信号杂乱且不稳定的、开放型的高层建筑中，话务需求量大的商场、机场码头、火车站、汽车站、展览中心、会议中心等大型场所，通信质量要求很高的高档酒店、写字楼、政府机构等场所，宜采用基站作为信号源；在话务需求量不大、面积较小的场所，隧道、地铁车站、地下商场等室内信号较弱或为覆盖盲区的环境中，宜采用直放站作为信号源。

对于信号源的选取，一方面要考虑所引接的基站能否满足目标覆盖区域的容量需求；另一方面也要考虑安装环境、功率需求及传输条件的影响。在能满足条件的基础上，应选用成本低、安装简单、引接方便的信号源，从而降低系统的整体成本。

结　语

当前，通信技术与计算机技术进行融合已经成为必然趋势。因为融合技术不仅能够促进社会、经济的发展，还能够使通信技术获得可持续的发展。本书中，笔者结合多年的实践工作经验，从实际出发，分析、探究了计算机技术、通信技术这两种技术，并且根据大环境分析了两技术融合后的发展前景。

新时代背景下，计算机技术、信息技术都拥有了广阔的发展空间，并且两种技术大有"齐头并进"的趋势。然而，受到各种因素的影响，社会、经济的发展越来越需要"资源贡献"，这无疑为两种技术的融合提供了有利条件，并且两种技术的融合已经成为一种必然趋势。按照社会所需，从速度和效率层面提升数据处理质量，并借助于开发软件系统的活动，力求在不同领域和行业内共享各种形式的资源，提升计算机通信功能。

综上所述，计算机技术在人们的生活、社会的发展以及经济的发展等方面发挥的作用已经显而易见，而如今与计算机技术同等重要的就是通信技术。然而，在信息时代背景下，单一的计算机技术或者通信技术都已经不能够满足当前社会、经济的发展需求，换言之，计算机技术与通信技术的融合技术已经成为必然趋势。未来，要加强二者的开发和研究，加大信息共享程度。因此，相关的工作人员要严格要求自己，提高专业素质和综合能力，对两种技术进行深入研究，为经济的发展和人们的生活提供更多的便利。

参考文献

[1] 师靓，张瑾. 大数据时代计算机远程网络通信技术创新 [J]. 中国科技信息，2022（01）：60-61.

[2] 沈静. 计算机通信技术在电子信息工程中的运用探讨 [J]. 数字技术与应用，2021，39（12）：53-55.

[3] 常青. 计算机网络通信安全中数据加密技术的应用 [J]. 数字技术与应用，2021，39（12）：237-239.

[4] 田卓，李康. 通信工程中的网络技术应用 [J]. 电子技术，2021，50（12）：234-235.

[5] 杨林. 数据加密技术在计算机网络安全中的应用 [J]. 无线互联科技，2021，18（23）：20-21.

[6] 张令. 计算机网络通信安全中数据加密技术的应用研究 [J]. 科技资讯，2021，19（33）：14-16.

[7] 黄小花，李俊晶. 计算机大数据分析技术的舰船通信安全预警研究 [J]. 舰船科学技术，2021，43（20）：142-144.

[8] 陈伟，严奎，刘静. "三元素、四模块"嵌入式系统项目化教学平台研究与构建 [J]. 大学，2021（39）：58-60.

[9] 左小慧. 数据加密技术在计算机网络通信安全中的应用研究 [J]. 科技资讯，2021，19（27）：19-21.

[10] 候倍倍. 计算机网络通信安全中数据加密技术的应用研究 [J]. 电脑编程技巧与维护，2021（09）：164-165.

[11] 艾尼瓦尔·艾买提. 计算机网络通信中数据加密技术方法 [J]. 电子技术与软件工程，2021（18）：254-255.

[12] 于士丹. 计算机信息数据传输技术在通信工程和办公自动化中的应用思考 [J]. 科技风，2021（08）：102-103.

[13] 李勇发. 浅谈通信工程和办公自动化中计算机信息数据传输技术的应用 [J]. 科学家，2016，4（17）：61-62.

[14] 姚军，毛昕蓉，赵小强，等 . 现代信息网 [M]. 北京：人民邮电出版社，2016.

[15] 高爱辉 . 计算机信息数据传输技术在通信工程和办公自动化中的应用解析 [J]. 电子测试，2016（13）：93；86.

[16] 王浩，郑武，谢昊飞，王平 . 物联网安全技术 [M]. 北京：人民邮电出版社，2016.

[17] 李昌，李兴，韦文生，古发辉，等 . 数据通信与 IP 网络技术 [M]. 北京：人民邮电出版社，2016.

[18] 孟荻 . 计算机信息数据传输技术在通信工程和办公自动化中的应用 [J]. 无线互联科技，2015（13）：3-4.

[19] 邢彦辰，顾鹏鸣，李伟，等 . 数据通信与计算机网络 [M]. 北京：人民邮电出版社，2015.

[20] 申普兵，刘红燕，梁璟，等 . 计算机网络与通信 [M]. 北京：人民邮电出版社，2012.

[21] 吴乃星，张瑞，汤长猛，等 . 城市计算与大数据丛书基于移动通信大数据的城市计算 [M]. 武汉：华中科技大学出版社，2020.

[22] 蔡政英 . 计算机组成虚拟仿真与题解 [M]. 合肥：中国科学技术大学出版社，2020.

[23] 毕宏彦，张小栋，刘弹 . 计算机控制技术 [M]. 西安：西安交通大学出版社，2018.

[24] 陈敏 .5G 移动缓存与大数据 5G 移动缓存、通信与计算的融合 [M]. 武汉：华中科技大学出版社，2018.

[25] 周少武 . 计算机控制技术 [M]. 湘潭：湘潭大学出版社，2017.

[26] 初雪 . 计算机网络工程技术及其实践应用 [M]. 中国原子能出版社，2019.

[27] 郑逢斌 . 计算机科学导论 [M]. 开封：河南大学出版社，2016.

[28] 罗琼 . 计算机科学导论 [M]. 北京：北京邮电大学出版社，2016.

[29] 徐洁磐，左正康 . 计算机系统导论 [M]. 北京：中国铁道出版社，2016.

[30] 夏林中，杨文霞，曹雪梅 . 光纤通信技术 [M]. 北京：中国铁道出版社，2017.